Dr. Ernst Peter Fischer

WENN DAS WISSEN
NICHT MEHR REICHT

Dr. Ernst Peter Fischer

WENN DAS WISSEN NICHT MEHR REICHT

Berühmte Wissenschaftler
und ihre Suche nach Gott

Originalausgabe
1. Auflage 2017
Verlag Komplett-Media GmbH
2017, München/Grünwald
www.komplett-media.de
ISBN: 978-3-8312-0446-5
Auch als E-Book erhältlich

Lektorat: Redaktionsbüro Diana Napolitano, Augsburg
Korrektorat: Dunja Reulein
Umschlaggestaltung: Markus Weber, Guter Punkt unter Verwendung
von Thinkstock-Motiven
Satz: Daniel Förster, Belgern
Druck & Bindung: CPI, Leck
Printed in Germany

INHALT

GLAUBEN HEISST NICHTS WISSEN:
EIN PERSÖNLICHES VORWORT   9

EIN VORSPIEL IM THEATER   17

ERNSTE FRAGEN AM ANFANG   23

KEPLERS RASEREI   33

GALILEIS GEHABE   47

NEWTONS UHRWERK   61

DARWINS TEUFEL   75

PLANCKS QUANTEN   95

EINSTEINS WÜRFEL   109

BOHRS LÄCHELN   127

PAULIS ZWEIFEL   149

HEISENBERGS ORDNUNG   169

HAWKINGS KOSMOS   189

MODERNE MÄTZCHEN AM ENDE   199

AM ENDE IMMER NOCH AM ANFANG:
EIN PERSÖNLICHES NACHWORT   219

ANHANG   225

LITERATUR- UND ZITATHINWEISE   231

Wissenschaft ist »das wirksamste Mittel,
das der Mensch gefunden hat, um
neben Gott bestehen zu können«.

FRANÇOIS JACOB

Für Klaus,
der im Glauben an die Chancen des Wissens handelt.

GLAUBEN HEISST NICHTS WISSEN: EIN PERSÖNLICHES VORWORT

Ich bin getauft und konfirmiert worden. Ich habe mich kirchlich trauen lassen und meine Kinder zur Taufe gebracht. Ich kann das Vaterunser aufsagen. Ich habe einige Lieder aus dem Gesangbuch auswendig gelernt. Ich finde viele Passagen der Bibel – etwa die Genesis, einige Psalmen und das Buch der Prediger – spannend und sehe in ihnen ein Lesevergnügen. Ich habe Hebräisch gelernt, um möglichst nahen Zugang zum Original zu finden. Ich habe meinem Religionslehrer in der Schule gerne zugehört und die Stunden nicht als überflüssig empfunden.

So könnte ich immer weiter aufzählen, was sich bei meinem Aufwachsen und in meinem Leben in einem sich christlich nennenden Umfeld abgespielt hat, für dessen Kultur ich dankbar bin. Aber zu einem Glauben an einen gütigen Gottvater im Himmel bin ich dabei nicht einmal in Ansätzen gekommen. Eher im Gegenteil! Ich habe mich in Gottesdiensten – vor allem bei den Predigten – stets gelangweilt. Ich habe nie verstanden, wie machtgierige und kriegsführende Politiker es wagen können, Gott um Beistand zu bitten und sich mit dem Attribut »christlich« zu schmücken, das doch mehr nach Demut verlangt. Ich finde es empörend und scheußlich, dass ich vom Anfang meines Lebens an mit einer schweren Sünde belastet sein soll. Ich finde es immer noch und immer wieder lächerlich, dass kirchliche Würdenträger in Frauenkleidern – wehenden Röcken – herumlaufen und mit der Sexualität nicht zurechtkommen. Ich bin nach wie vor und zuletzt eher stärker der Meinung, dass die meisten Verbrechen im Namen des Glaubens oder eines Gottes begangen werden. Es verblüfft mich immer wieder (und bringt Wut empor), wenn ich sehe, wie Priester Waffen oder Panzer weihen und segnen, von denen sie wissen, dass sie dem Töten von Menschen dienen. Ich muss hinnehmen, dass sich die gottesfürchtig gebenden und nennenden Menschen im Laufe der Geschichte stets ungehorsam verhalten haben und unter dem Deckmantel des Glaubens, gleich welcher Couleur, einem heuchlerischen Leben nachgegangen sind. Und so könnte ich noch viele weitere Beispiele anführen, die Gründe dafür liefern, »warum ich kein Christ bin«, wobei die letzten fünf Worte deshalb in Anführungszeichen stehen, weil sie den Titel des Buchs zitieren, in dem der

Philosoph und Historiker Kurt Flasch im Alter von über 80 Jahren erklärt, warum er kein Christ ist. In dem Text, den der gelehrte und verehrte Autor als »Bericht und Argumentation« charakterisiert, erfährt der Leser, dass sich Flasch bereits bei seinem Studium zu fragen begann, »ob der Glaube nicht zuweilen den Verstand ruiniert«, womit der angehende Philosoph auch meinte, dass viele seiner akademischen Lehrer zu seiner Verwunderung predigen wollten, während für ihn selbst ganz nüchtern galt, »ich wollte forschen«.

Wenn es erlaubt ist, den wissenschaftlichen Höhen den Rücken und in die persönlichen Niederungen zurückzukehren, kann gesagt werden, dass ich selbst ein ähnliches Ziel verfolgte, das durch meinen gottfernen – politisch sozialdemokratisch eingestellten und chronisch kranken – Vater vorgegeben und nahezu täglich beschworen wurde, wenn er mit einem seiner mir unmittelbar einleuchtenden Lieblingssätze verkündete, »Glauben heißt nichts wissen«.

Ich wollte aber wissen, und ich sollte es auch. Deshalb haben mir meine Eltern ja den Besuch des Gymnasiums ermöglicht, und deshalb bin ich nach dem Abitur zur Universität gegangen, um hier Physik und Mathematik studieren zu können, also die Disziplinen, deren Wissen mir grundlegend und weiträumig erschien und das Universum erfasste, wie ich es verstand oder verstehen wollte. Mir waren als Schüler Texte von Max Planck über die Energie des Lichts und von Albert Einstein über die Theorie der Relativität in die Hände gefallen, und ich kam aus dem Staunen nicht mehr heraus, was dem menschlichen Denken für Möglichkeiten offenstanden, die sowohl in den Mikrokosmos als auch in den Makrokosmos eindringen und dort Ordnung schaffen konnten.

Während die Semester an der Universität verstrichen, las ich nicht nur Fachliteratur, sondern zum Beispiel auch Robert Musils Roman *Der Mann ohne Eigenschaften*. Hier stieß ich auf die schöne Formulierung, dass in der seit dem 20. Jahrhundert erlebten Epoche gilt, »man kann nicht nicht wissen wollen«, was ich etwas später mit einem Satz von Friedrich Nietzsche verknüpfen konnte, demzufolge »Glaube« ein »Nicht-wissen-Wollen« meint, was bekanntlich ausgeschlossen ist.

Bei Musil konnte ich weiter lesen, dass Wissen ein Verhalten ist, und der Dichter spricht vom »Zwang, wissen zu müssen«, was dazu führt, dass nicht der Forscher der Wahrheit, sondern umgekehrt die Wahrheit dem Forscher nachstellt. Vielleicht passiert es ihm dabei einmal im Leben, dass er ihr gegenüber zu stehen kommt und nun versuchen muss, ihren Anblick auszuhalten. Ein faszinierender Gedanke, der mir bis heute keine Ruhe gibt.

Ich fühlte die geschilderte Spannung als Student und später als praktizierender Wissenschaftler, und mit dieser permanenten inneren Erregung verlor ich allmählich die Fähigkeit zum Glauben mehr oder weniger vollständig aus den Augen – bis ich mit dem Beginn der 1980er-Jahre die Möglichkeit bekam und nutzte, mich mit der

Geschichte der Wissenschaft zu beschäftigen und von ihren Erfolgen und Möglichkeiten zu erzählen.

Dabei fielen mir unvermeidlich erneut die Schriften von Planck und Einstein in die Hände, und diesmal achtete ich auch auf menschliche Zwischentöne in den sachlichen Darstellungen. Dabei fand ich zu meinem anfänglichen Erstaunen, dass der überlebensgroße Einstein sich als einen »tiefreligiösen Menschen« vorstellt, der sogar eine Form von Wissen als »wahre Religiosität« bezeichnet, nämlich das Wissen, dass sich die Welt um den Menschen herum voller undurchdringlicher Geheimnisse zeigt und als »Manifestationen tiefster Vernunft und leuchtendster Schönheit« präsentiert.

Und der unvergleichliche Planck unterscheidet den wissenschaftlichen von dem religiösen Menschen dadurch, dass der religiöse am Anfang bei Gott ist, während der wissenschaftliche am Ende seines Wegs zu Gott findet, wodurch dann die Richtung allen Strebens nach dem großen Weltwissen vorgegeben ist, nämlich »Hin zu Gott!«.

Ich erschrak und fragte mich, ob ich gerade auf dem Weg war oder bin, den Planck beschrieben und dessen Ziel Einstein dargestellt hatte. Als ich daraufhin in meinen Vorträgen und Vorlesungen zur Geschichte der Wissenschaften – mir ging es dabei vor allem um das Wechselspiel von Physik und Molekularbiologie, das ich unter der Hypothese erörterte, dass die Grundlegung der modernen Lebenswissenschaften sich den Überlegungen von Physikern verdankt – immer mal wieder auf die Gretchenfrage zu sprechen kam und die religiösen Überzeugungen der großen Forscher erwähnte und vorstellte, merkte ich bald, dass die Zuhörer mehr auf den Gottesbezug und weniger auf die Wissenschaftstheorie achteten. Trotz aller Erfolge der modernen Naturforschung – in das Herz vieler Menschen war sie nicht gedrungen, und so fing ich nach und nach an, neben dem Wissen auch den Glauben der Großen zu erkunden und zu erläutern.

Das Vertrauen auf einen Gott im Himmel bringt für die Entwicklung der Kulturen einen enormen Schub zustande, den ein Wissenschaftshistoriker spürt und über den er zu berichten hat, wenn er beschreiben will, »wie es wirklich gewesen« ist. Ich glaube inzwischen fest an die Macht des Glaubens im historischen Prozess der Kultur. Ich selbst glaube aber nach wie vor nur an die Macht des Wissens in meinem privaten Leben und spüre weder ein Verlangen, mich an einen Gott zu wenden, noch den Wunsch, mich vor ihm zu rechtfertigen. Das heißt, ich denke, dass Menschen es lieben, verzaubert zu werden, und ich bin sicher und kann demonstrieren, dass die angestrebte Verzauberung der Welt am besten in dem Versuch gelingt, sie mit dem erworbenen und verfügbaren Wissen zu erklären.

Das Geheimnisvolle um den Menschen herum kann dabei tatsächlich nur zunehmen und tiefer werden, und das Wundern hört nie auf. Ich wundere mich immer mehr über mich selbst. Ich bin mehr auf dem Weg zu mir als auf dem Weg zu Gott, auch wenn Planck es anders sieht. Aber wer weiß, was ist, wenn ich mich oder zu mir finde? Ich bin und bleibe gespannt, wer oder was da auf mich wartet, und schreibe derweilen meine Bücher. In ihnen sollte ich zu finden sein. Das glaube ich auf jeden Fall.

EIN VORSPIEL
IM THEATER

*»Wenn du dir die Liebe Gottes in Erinnerung
rufen willst, sagte Mom immer, schau dir
einfach den Sonnenaufgang an. Und wenn du
dir den Zorn Gottes in Erinnerung rufen willst,
sagte Dad, schau dir einen Tornado an.«*

JEANNETTE WALLS, *EIN UNGEZÄHMTES LEBEN*

»Nun sag, wie hast du's mit der Religion?« So lautet die
berühmte Frage, die das Fräulein Margarete im ersten
Teil von Goethes *Faust* dem gelehrten Mann der Wissenschaft mit diesem Namen stellt, während sie mit ihm
einen Gartenspaziergang unternimmt, wie Verliebte es
tun. Zwar versucht Faust, diese ihm eher lästige, inzwischen als »Gretchenfrage« sprichwörtlich gewordene Bit-
te um ein Bekenntnis abzuweisen, indem er ein ganz
anderes Thema anzuschlagen versucht und abwiegelt:

17

»Lass das, mein Kind! Du fühlst, ich bin dir gut.« Doch das fromme Fräulein lässt nicht locker, und Margarete formuliert ihre kleine Frage an den großen Mann punktgenau um: »Heinrich, glaubst du an Gott?«

Die Gretchenfrage und die Wissenschaft

»Glaubst du an Gott?« Die Antwort, die jemand auf diese Gretchenfrage gibt, hängt von vielen Faktoren ab, zu denen sicher auch das Wissen gehört, über das der oder die jeweils Angesprochenen verfügen und das sich vor allem in den letzten vier Jahrhunderten ungemein verändert hat. In dieser Zeit haben sich, von Europa ausgehend, Menschen in aller Welt im Rahmen einer methodisch fortgeschrittenen und systematisch vorgehenden Naturwissenschaft bemüht, ihr Wissen zum Nutzen der Allgemeinheit zu vermehren, und dabei immer mehr Gesetze der Natur finden und erfinden können.

Die Gretchenfrage benötigt ihre jeweils besondere und eigenständige Antwort, wenn sie Personen gestellt wird, die sich anders als Faust und sein Dichter Goethe etwa mit den Quantensprüngen von Atomen und Molekülen auskennen, die vielleicht sogar das expandierende Universum in seiner wachsenden Unermesslichkeit erfassen und darüber hinaus seinen Anfang als Urknall denken können, die zusätzlich noch mit dem dynamischen Gedanken der Evolution und den dazugehörigen genetischen Varianten vertraut sind, um nur ein paar Beispiele für die Themen zu nennen, denen sich in den jeweiligen naturwissenschaftlichen Disziplinen große und kleine Forscher mit steigendem Erfolg zugewandt haben und zuwenden.

Die Physiker, Chemiker und Biologen sind dabei spätestens seit dem 19. Jahrhundert so gut vorangekommen, dass einige von ihnen in den ersten Jahrzehnten nach 1900 meinten, die Gretchenfrage bald ganz vergessen und Gott in ihrem Denken vernachlässigen und vielleicht sogar ganz beiseiteschieben zu können.

Doch in der Geschichte und in der Gegenwart zeigt sich den Menschen ein möglicherweise für viele unerwartetes anderes Bild. Denn trotz all ihrer fachlichen Triumphe im Einzelnen fühlten und fühlen sich nachdenkliche und empfindsame Wissenschaftler, die zu Beginn ihrer Karriere voller Optimismus davon geträumt haben, mit ihrem eigenständig gewonnenen Wissen der Wahrheit gegenüberstehen zu können, unentwegt herausgefordert, ihre persönliche Position zu Gott zu klären und sich im Ganzen entweder auf ihn zu beziehen oder sich von ihm abzusetzen.

In diesem Buch sollen einige der dazugehörigen religiösen oder gottlosen Bekenntnisse großer Forscher vorgestellt werden, um jedem, der heute lebt und sich den weitreichenden Erkenntnissen der Wissenschaft nicht verschließt, die Vielfalt der möglichen Antworten aufzuzeigen, die auf die unter Menschen unvermeidbare Gretchenfrage erlaubt sind. Dies geschieht in Zeiten, die zwar gerne als »säkular« bezeichnet werden, die aber bei aller Hinwendung zum allein Weltlichen von dem Heiligen nicht lassen können.

In ewigem Geheimnis
unsichtbar sichtbar

Es geht also in einem historischen Durchgang vom 17. Jahrhundert bis in die Gegenwart um das Wechselspiel von erfahrenem Wissen und gelebtem Glauben, wie es sich bei großen Naturforschern europäischer Provenienz zeigt, wobei an dieser Stelle sogleich eine hartnäckige Asymmetrie auffällt und angemerkt wird. Sie besteht darin, dass die weltliche Gegenfrage zur Gretchenfrage nirgendwo gestellt wird, jedenfalls nicht in einer expliziten und dadurch verbindlichen Form.

Goethe hätte dem in Gretchen verliebten und neugierigen Faust als Antwort doch auch die Worte in den Mund legen können: »Und du, was hältst du von der Wissenschaft?« Solch eine Wendung hätte durchaus in das Zeitalter der Aufklärung gepasst, dem der Dichter im ausgehenden 18. Jahrhundert angehörte und in dem das Hohelied der Rationalität nicht nur vorsichtig angestimmt, sondern auch gerne und laut gesungen wurde.

Der Schöpfer von Faust unternimmt in dem dazugehörigen Drama dafür etwas anderes. Er lässt seinen Helden dem umschwärmten Gretchen nahebringen und klarmachen, dass es neben Gott etwas anderes von Bedeutung gibt, nämlich all das, was sich in dieser Welt zeigt und eine besondere Qualität aufweist, wie er erläutert. Denn was es – im Himmel und auf der Erde – gibt, drängt von sich aus massiv zu dem geliebten Fräulein hin, und zwar so, dass es »Haupt und Herz« von Gretchen zugleich erfasst und ihre Person wie ein Gewebe umfängt, das dabei eine Eigentümlichkeit an den Tag legt, nämlich »in ewigem Geheimnis unsichtbar sichtbar« neben ihr zu sein, wo es dann sogar weiter »webt«.

Mit anderen und eher trockenen Worten: Faust empfiehlt Gretchen, sich erst von ihrem sinnlichen Wahrnehmen des rätselhaft bleibenden Gewebes namens Wirklichkeit seelisch erfüllen zu lassen und dabei auf die Beeinflussung ihrer Gefühle zu achten, um sich schließlich danach voller Neugierde zu fragen, wie sie das nennt, was sie bei diesem Vorgang des Erkennens erfährt und erlebt:

»Glück! Herz! Liebe! Gott!« – so lauten die vier zum Teil sicher unkonventionellen Vorschläge von Goethes Helden, der anschließend – hoffentlich zu seiner Überraschung – von Gretchen zu hören bekommt:

»Ungefähr sagt das der Pfarrer auch, nur mit ein bisschen anderen Worten.«

An dieser Stelle lacht das Publikum gewöhnlich, vor allem mit dem Blick auf den Teufel Mephisto, der sich in der Nähe herumtreibt und nun grollt. Doch es lohnt sich, Goethes Witz ernst zu nehmen, weshalb hier versucht wird, in den einfachen Worten eines Sachbuchautors zwei zentrale Punkte des eben skizzierten poetischen Dialogs darzustellen, die im Verlauf des Buchs verfolgt werden sollen.

Da ist zum einen die An- und Einsicht von Faust, dass das sich uns aufdrängende Gewebe der Dinge um uns ein »ewiges Geheimnis« bleiben wird, und zwar trotz aller Fortschritte, die wir nicht zuletzt den Großen der Wissenschaft verdanken, die folgend im Text vorgestellt werden. Und wenn es um diese offenen Geheimnisse und ihre Vorstellung geht, dann – dies zum Zweiten – klingt selbst der Faust wie ein Pfarrer, auch wenn sich der Gelehrte längst der Magie ergeben und mit dem Teufel verbündet hat.

Kurzum: Der Frage nach Gott entkommt man im deutschen oder europäischen Sprachraum nicht, auch wenn sich bei vielen Großen des Wissens in ihrem Inneren nicht unbedingt ein besonderes Gefühl regt, wenn der Name des Größten fällt. Auch sie glauben, bevor sie wissen.

Die Frage lautet, was sie glauben, *nachdem* sie etwas wissen. Mal sehen.

ERNSTE FRAGEN AM ANFANG

»Wir haben's schwer.
Denn wir wissen nur ungefähr, woher,
jedoch die Frommen wissen gar, wohin wir kommen!
Wer glaubt, weiß mehr.«

ERICH KÄSTNER, »EINE FESTSTELLUNG«

Am Anfang steht das Problem des Anfangs. Beim Schreiben einer Rede oder eines anderen Textes geht es zum Beispiel um den ersten Satz, mit dem der zu liefernde Beitrag eröffnet wird und der die Aufmerksamkeit zu wecken hat. Doch diesen Einstieg habe ich an dieser Stelle bereits geschafft und hinter mir.

Dieser Anfang war offenbar leicht. Das genannte Problem stellt sich aber und erst recht beim Erkennen und Verstehen – etwa von Licht und Farben und anderen Erscheinungen – in dem, was als Wirklichkeit bezeichnet wird und uns, nach Goethe, wie ein geheimnisvolles Gewebe umgibt, das wenig empfindsame Zeitgenossen als Vernetzung beschreiben, was unnötig hart klingt.

Das Problem des Anfangs beim Erkennen besteht darin, dass der Einstieg, der erste Schritt zum Wissen, nichts von dem enthalten darf, was am Ende der Erklärung herauskommen soll. Das klingt zwar banal, macht aber mehr Mühe, als viele meinen. Bereits im 4. Jahrhundert christlicher Zeitrechnung hat sich der Mönch Dionysius gefragt, wie man einen Anfang schaffen kann.

»Die erste Ursache von allem ist weder Sein noch Leben. Denn sie ist es ja gewesen, die Sein und Leben erst erschaffen hat. Die erste Ursache ist auch nicht Begriff oder Vernunft. Denn sie ist es ja gewesen, die Begriffe und Vernunft erschaffen hat. […] Und dennoch ist diese erste Ursache auch keine Macht. Denn sie ist es ja, die die Macht erst erschaffen hat.«

Wer zum Beispiel als Physiker erklären will, was Materie ist und woraus sie besteht, darf nicht mit Atomen anfangen, die aus Einheiten bestehen, die selbst schon Materie sind, weil sie über eine Masse verfügen.

Natürlich kann die Physik die Eigenschaften eines Metallstücks dadurch verstehen, dass sie das Zusammenspiel von vielen Metallatomen berechnet, aber wann und wie aus den unsichtbaren Bausteinen der sichtbare Körper wird, den man in die Hand nehmen und vermessen kann, bleibt dabei offen – und solch ein Übergang liefert möglicherweise einen konkreten Fall für das ewige Geheimnis, von dem Faust spricht.

Wer als Philosoph erklären will, was Rationalität ist und wie das dazugehörige Erkennen funktioniert, darf nicht mit einer Sammlung aus abzählbaren Kategorien beginnen, die dann bloß noch kombiniert zu werden brauchen. Wer das Denken erklären will, muss mit einer anderen Fähigkeit des Gehirns beginnen, etwa dem konstruktiven Wahrnehmen oder einem malenden Schauen, wie es der Physiker Wolfgang Pauli einmal vorgeschlagen hat, von dem noch ausführlich die Rede sein wird.

Fragen nach dem Anfang

Nun gehört das Fragen nach dem Anfang sowohl zu den Grundthemen der Wissenschaft als auch zu den sicher uralten und prähistorischen Interessen von Menschen. Wie hat die Welt angefangen? Wie ist das Leben entstanden? Wie hat der erste Mensch ausgesehen? Wie hat die Sprache angefangen? Und in allen Fällen gilt es beim Antworten unter allen Umständen zu vermeiden, etwas von dem zu verwenden, was man erklären und seinen Beginn nehmen lassen will.

Es wird deshalb vorausgesetzt, dass Menschen sich schon sehr früh in ihrer Geschichte Gedanken über den Anfang und anderes gemacht haben, weil es zu den humanen Eigentümlichkeiten gehört, so etwas und mehr wissen zu wollen. Diese Feststellung ist bei Philosophen seit Jahrhunderten nachzulesen und bleibt unbestritten.

Aristoteles etwa beginnt seine *Metaphysik* mit der Feststellung, dass alle Menschen von Natur aus nach

Wissen streben. Und wenn Immanuel Kant drei Fragen formuliert, die es zusammen ermöglichen sollen zu sagen, was der Mensch ist, dann interessiert ihn vor allem: »Was können wir wissen?«

Natürlich zitieren Lehrer und andere Bildungsbürger an dieser Stelle gerne den sagenhaften Sokrates und sein Verdikt: »Ich weiß, dass ich nicht weiß.« Aber zum einen weiß ich, von wem der berühmte und vielfach falsch zitierte Satz stammt, in dem nicht von »nichts« die Rede ist, und zum Zweiten hindert selbst diese Einsicht den Philosophen ja nicht daran, etwas wissen zu wollen, und zwar unentwegt und immer wieder, wie die zahlreichen Dialoge verdeutlichen, die uns von ihm dank Platon überliefert sind.

Zum Dritten kann das »Nichtwissen« auch so verstanden werden, wie es Goethe ausdrückt, nämlich als das offene Geheimnis, das unsichtbar in den sichtbaren Dingen steckt und sowohl dem ersten Nachdenken kein Ende bietet als auch dem weiteren Wunsch nach Wissen jede Menge Platz lässt.

Menschen wollen und können also wissen, und sie wollen in vielen Fällen wissen, wie etwas von ihnen Vorgefundenes angefangen hat – besonders das Ganze, »das Etwas, diese plumpe Welt, das sich dem Nichts entgegenstellt«, wie es Goethe genannt hat.

Dies gefällt als Formulierung, ruft aber zugleich auch ein Dilemma hervor. Wenn Menschen nämlich den Anfang aller Dinge – der Welt, des Kosmos, des Universums – erklären wollen, müssen sie der poetischen Einsicht nach entweder mit (einem) Nichts oder mit einem Konzept anfangen, das nicht von dieser Welt sein kann.

Natürlich kommt für sterbliche Wesen ohne himmlische Schöpferqualitäten nur die zweite Möglichkeit infrage, und die dazugehörige Grundidee funktioniert im Denken der Menschen unter der Bezeichnung »Gott«.

Gott ist nicht die Welt, er ist nicht von dieser Welt, aber der Gedanke an ihn gibt dem menschlichen Denken die Gelegenheit, das Problem des Anfangs zu lösen. Wie es die Schrift ganz vorn lehrt: Am Anfang schuf Gott Himmel und Erde, und beide können danach – zum Beispiel auch jetzt – als »ewiges Geheimnis« mein Haupt und Herz beschäftigen. Und wie es in der Schrift weiter heißt: Am Anfang war das Wort, mit dem sich Menschen zuletzt über ihr Wissen unterhalten können.

Die Achsenzeit

Kurzum – ein Gott löst das Problem des Anfangs und gibt den Menschen die Chance, unter seiner Vorgabe das Wissen zu erwerben, nach dem sie ihrer Natur zufolge verlangen.

Das Glauben an einen Gott und das Wissen von Menschen gehören also eng zusammen, wobei das zuerst genannte Abenteuer des Denkens dem zweiten geistigen Zugreifen auf die Wirklichkeit in der Geschichte der Menschheit weit vorausgegangen ist, wie überzeugende historische Argumente zeigen, die mit dem Vorschlag eines Philosophen beginnen.

Die Rede ist von Karl Jaspers, der 1949 sein berühmtes Buch *Vom Ursprung und Ziel der Geschichte* vorgelegt und mit ihm und einer dort geäußerten Idee ein Forschungsprojekt begründet hat, das heute allmählich an Fahrt aufnimmt.

In seinen Überlegungen führte Jaspers viele ältere historische Untersuchungen zu der Beobachtung zusammen, dass der Ursprung der Weltreligionen – wie auch der der griechischen Philosophie – in den Jahren zwischen 800 und 200 vor Christi Geburt zu finden ist. Jaspers nennt diesen Abschnitt der menschlichen Geschichte die »Achsenzeit« und schreibt dazu:

»In dieser Zeit drängt sich Außerordentliches zusammen. In China lebten Konfuzius und Laotse, entstanden alle Richtungen der chinesischen Philosophie, in Indien entstanden die Upanishaden, lebte Buddha, wurden alle philosophischen Möglichkeiten bis zur Skepsis und bis zum Materialismus, bis zur Sophistik und zum Nihilismus, wie in China, entwickelt, im Iran lehrte Zarathustra das fordernde Weltbild zwischen Gut und Böse, in Palästina traten die Propheten auf von Elias über Jesaias und Jeremias bis zu Deuterojesaia, Griechenland sah Homer, die Philosophen – Parmenides, Heraklit, Plato – und die Tragiker, Thukydides und Archimedes.«

Während der Achsenzeit – durch die parallelen Prozesse, die zu ihr hinführen und deren Ursprung und Wesen noch zu erforschen bleibt – verlässt die Menschheit ihre mythische Phase, wie Jaspers meint, ohne dabei einen Mechanismus angeben zu können, der den Schritt ermöglicht hat. Die führenden intellektuellen Vertreter der jeweiligen Völker und Gesellschaften beginnen, über die Bedingungen des humanen Lebens (Existierens) nachzusinnen. Sie entdecken dabei die Möglichkeit, den zahlreichen angebeteten Göttern, die bislang im Irdischen verankert waren, einen eigenen Ort – einen Platz im Himmel – zuzuweisen, und diese Gedanken und Vorschläge werden im Volk verstanden. Mit dieser Aufteilung entsteht eine Spannung zwischen dem Diesseits (dem Weltlichen) und dem Jenseits (dem Transzendenten). Wer neben die irdischen Machthaber tritt und Gottes Ratschluss verkündet, lenkt die Aufmerksamkeit auf sich und erwirbt Anerkennung – also die Priester und Propheten.

Tatsächlich entstehen jetzt Achsenkulturen, wie die historische Wissenschaft ermitteln konnte, ohne dass sie in der Lage wäre, das Aufkommen des dazugehörigen Denkens tiefer zu begründen. Erkennbar wird nur, dass in Gesellschaften mit der Erfahrung der Achsenzeit federführend Träger von Visionen agieren, wie sie bei Buddha und Jesus zu finden sind. Mit ihrem Zutun kommen kulturelle und soziale Ordnungen zustande, die dem Volk – den Menschen – zusagen und deshalb von ihm (von ihnen) getragen werden. Die Gründerfiguren stärken das Selbstbewusstsein der kleinen Leute, sie geben ihnen Anleitungen zum wohltätigen Handeln und statten ihr Leben mit Sinn aus. Ihre Nachfolger setzen dieses Wirken mithilfe von Institutionen fort, die sie einrichten, um die utopischen Vorstellungen der Religionsgründer in die Wirklichkeit umzusetzen und um Geschichten wie die der Evangelien erzählen und sammeln zu können.

Nach der Achsenzeit

Die von Jaspers identifizierte Achsenzeit stellt eine große Herausforderung an alle Wissenschaftler dar, die das Entstehen moderner Gesellschaften und die dazugehörigen geistigen Kräfte und Strömungen erfassen wollen. Doch so wichtig und spannend dieser Aspekt des menschlichen Lebens und seiner Entwicklung ist, in dem hier verhandelten Zusammenhang kommt der Achsenzeit nur eine einzelne Bedeutung zu.

Sie hängt mit der Tatsache zusammen, dass es in diesem Buch um Kulturen geht, die von Menschen hervorgebracht worden sind, die ihrerseits von Personen abstammen, die in der Achsenzeit die Erfahrung der Transzendenz gemacht haben. Anders ausgedrückt, der Autor und seine Leser sind Nachfahren von Menschen, die mit der eigenständigen Existenz einer zweiten (unsichtbaren) Wirklichkeit vertraut sind, in der sie einen Gott ansiedeln, der Einfluss auf die Geschicke in der irdischen Welt nehmen kann und zumindest anfänglich vieles in ihr bedingt hat. Und da diese himmlische Sphäre sich seit mehr als 2000 Jahren bewährt und viele Menschen sich für ihr Seelenheil auf sie verlassen, kann Goethe seinem Magister Faust die Gretchenfrage nicht ersparen. Sie stellt sich ihm und uns mehr oder weniger natürlich und ganz selbstverständlich.

Denn was kann der Gelehrte dem Vertrauen in Gott entgegensetzen? Sein aktuelles Wissen auf keinen Fall, das den armen Tor bekanntlich nicht sehr weise gemacht hat und eher frustriert, wie Faust in einem Monolog zu Beginn des Dramas ausführt. Die Tradition der Wissenschaft, die er fortsetzt, verfügt nicht über das ehrwürdige Alter der Religion, die weit über 1000 Jahre mehr auf dem Buckel hat.

Als Goethe lebte, lag die Geburt der modernen Wissenschaft gerade einmal knappe 200 Jahre zurück, wenn die Auskunft der Geschichtsbücher zuverlässig ist. Sie datieren ihre Startphase auf das frühe 17. Jahrhundert, als in verschiedenen europäischen Ländern unter anderem Francis Bacon, Johannes Kepler und Galileo Galilei tätig waren und nutzbares Wissen zu erwerben versuchten. Die sich für die Menschen spürbar auswirkenden Erfolge der neuen Wissenschaft konnte man um 1800 noch an den Fingern einer Hand abzählen.

Nach dem Aufkommen der Wissenschaft

Unabhängig davon – heute leben wir mehr als 400 Jahre nach der Entscheidung der Menschen um 1600, ihre Lebensbedingungen durch den Einsatz wissenschaftlicher Methoden zu verbessern (und nicht nur passiv und brav das irdische Jammertal zu durchwandern). Wie oben gilt, dass die heute bestehenden Gesellschaften von Personen gebildet werden, die Nachfahren von Menschen sind, denen der Gedanke der Wissenschaft gekommen ist und die ihn erfolgreich umgesetzt haben.

Kurzum – wir Heutigen stammen anders als die frühen Heiligen von Menschen ab, die sowohl unmittelbare Transzendenzfähigkeit als auch vermittelbare Forschungswilligkeit erworben und weitergegeben haben, was uns allen die doppelte Fähigkeit sowohl zum vertrauenden Glauben als auch zum prüfbaren Wissen verleiht und jeden Versuch überflüssig machen sollte, mit einer der beiden genannten spirituellen Qualitäten allein in der Welt zurechtzukommen, die man erkennen und verstehen und in der man sich einrichten möchte.

In den Worten von Albert Einstein: »Wissenschaft ohne Religion ist lahm, Religion ohne Wissenschaft blind.« Beide gehören in unserer Kultur seit der Achsenzeit und nach der Geburt der modernen Wissenschaft untrennbar zusammen. Zwar fürchten viele, dass Gott verliert, wenn dem Menschen mehr und mehr Wissen zufällt, aber es könnte ja auch sein, dass Gott gewinnt, wenn der Mensch gewinnt. Das zu glauben gefällt mir.

KEPLERS RASEREI

*»Der Glaube an Gott läuft im Jahre 1500 nicht
auf das Gleiche hinaus wie im Jahre 2000.«*

CHARLES TAYLOR

Vor dem Wissen steht der Glaube, und das heißt, dass
die ersten Männer der Wissenschaft über einen festen
Glauben an einen Schöpfergott verfügten. Von dieser
Grundlage aus operierten sie und erkundeten die Welt
um sie herum.

Gemeint ist zum Beispiel Johannes Kepler (1571–1630),
der bis in die Zeit des Dreißigjährigen Krieges lebte und
sich trotz vieler Widrigkeiten und Mühen überzeugt zum
Protestantismus bekannte, womit genauer das Luthertum
gemeint ist, das seinen besonderen Ausdruck in dem
sogenannten *Augsburger Bekenntnis* gefunden hat und
gläubigen Menschen ausreichend Platz für Freiheiten im
Wollen und Handeln ließ.

Für Kepler wirkte Gottes Gnade auf vielfältige Weise bis in den persönlichen Bereich hinein, etwa dadurch, dass der Herr im Himmel den kränklichen Astronomen auf der Erde lang genug am Leben hielt, um ihm ausreichend Gelegenheit zu geben, das Werk des allmächtigen Herrn des Himmels und der Erden in seiner Schönheit und Vollkommenheit zu erforschen.

Leider schaffte es Gott nicht, sein Geschöpf Kepler so bei Gesundheit zu halten, dass der angestellte Astronom beim Kaiser als Arbeitgeber sein ausstehendes Gehalt einfordern konnte, nachdem der Herrscher ihn jahrelang nicht bezahlt und immer wieder vertröstet hatte. Der bescheidene Wissenschaftler starb daher arm und hinterließ eine vielköpfige darbende Familie.

Man wüsste gerne, was Gott sich dabei gedacht oder welche Prüfung seines gläubigen Geschöpfs der Herr dabei im Auge gehabt hat, falls solch eine Formulierung sinnvoll ist und von gottesfürchtigen Menschen nicht sofort als unangemessen verworfen wird.

Weltharmonik

Doch lieber zurück zum wissenschaftlichen Treiben unseres Helden: Kepler zeigte sich trotz aller Mühsal zeitlebens überzeugt, »Nichts in der Welt ist von Gott planlos geschaffen«, wie er etwa in seinem Hauptwerk *Weltharmonik* von 1619 geschrieben hat. Er sah seine Aufgabe vornehmlich darin, sich auf die entsprechenden Gedanken Gottes einzulassen und sie in möglichst vielen De-

tails seines Weltenplans aufzuspüren. Von den umfangreichen wissenschaftlichen Bemühungen Keplers, die
den Gang von Licht durch Glas (Optik) ebenso ins Visier
nahmen wie die sechseckige Form von Schneeflocken
(Chemie), sollen in diesem Buch nur die astronomischen
Leistungen bedacht werden, die den Himmel und seine
Formationen zu erfassen versuchten, in denen seit dem
Mittelalter dem lieben Gott Raum für sein Wirken zuge-
standen wird.

Die christliche Kultur des Abendlandes hat tatsächlich um 1300 herum die Gestalt des Kosmos übernom-
men und zugleich christlich aufgeladen, wie sie von
den alten Griechen – vor allem in den philosophischen
Werken von Aristoteles – entworfen worden war. Die
Philosophen der Antike stellten sich jenseits des Mondes
kugelförmige Himmelssphären vor, die nichts mit irdi-
scher Wirklichkeit zu tun hatten, die sich vielmehr nach
göttlichen Vorgaben und somit ohne physikalische Mühe
drehten und dabei die Planeten mit sich führten. Deren
Bewegungen waren von der sublunaren Erde aus gut zu
beobachten.

Um die auf diese Weise zugängliche kosmische Mo-
bilität zu erklären, benötigte man in der Antike keine
Kräfte, wie sie die moderne Physik seit Newton benutzt.
Dafür hatte der heidnische Grieche Aristoteles einen
»unbewegten Beweger« eingeführt, der alles in Schwung
hielt, ohne sich selbst zu verausgaben.

Wie nicht anders zu erwarten, übernahm die christliche Zeit diesen zentralen Gedanken, nur dass sie den
antiken Antreiber in ein lateinisch benanntes »Primum

Mobile« verwandelte, in das »Erste Bewegte« also, aus dem heraus die göttliche Kraft fließt, die in der Welt wirksam ist und empfangen wird sowie weiterströmt.

Als Kepler sich an sein Werk machte, sah das christliche Denken die Erde mit dem Menschen im Zentrum der Welt. Um diese Mitte scharten und drehten sich die kugelförmigen Sphären, die ihrerseits weit außen Platz für das Göttliche ließen, das viele schöne Bezeichnungen erhielt und dabei als »Primum Mobile« die Dinge auf ihren Weg brachte und den Lauf der Welt bestimmte.

Kopernikanische Umwälzungen

Der aus dem Württembergischen stammende Astronom Kepler kannte nicht nur die antiken Himmelsmodelle in christlicher Ausschmückung, wie sie etwa in Dantes *Göttlicher Komödie* eine Rolle spielen. Er kannte darüber hinaus auch die Ideen von Nikolaus Kopernikus (1473–1543), der in seinem Sterbejahr die bis heute für viele Menschen umwerfenden oder umwälzenden Ansichten über die Bewegungen am Himmel publiziert und dabei zwei dramatische Wendungen (Revolutionen) im Denken vorgenommen oder zumindest vorgeschlagen hatte.

Zum einen empfahl Kopernikus tatsächlich, die Erde aus dem Zentrum der Welt zu nehmen und dort die Sonne unterzubringen, wobei zu beachten ist, dass diese (eher unwesentliche) astronomische Erniedrigung des Menschen – seine Entfernung aus der Mitte – eine (wesentliche) christliche Erhöhung zur Folge hat. Denn je weiter außen die Erde im Modell der Himmelskugeln (Sphären) zu liegen kommt, desto näher rückt sie an die Quelle der göttlichen Kraft heran und damit auf Gott zu – ein Umstand, der bis heute vielfach übersehen und peinlich falsch verstanden wird.

Und zum Zweiten unterbreitete der polnische Domherr den Vorschlag, dass sich die Erde sogar zweimal drehe, nämlich nicht nur um die Sonne in einem großen Umlauf, für den sie ein Jahr benötigt, sondern zusätzlich in einem eher kleinen und kürzeren Rahmen um ihre eigene Achse – was den Wechsel von Tag und Nacht erklärt.

Philosophisch betrachtet, steckt die sogenannte kopernikanische Revolution in der zweiten Rotation unseres Planeten, da die von unserem Planeten zu beobachtende Drehung der Fixsterne jetzt nicht mehr von diesen Himmelskörpern, sondern von dem sie beobachtenden Menschen her erklärt wird. Der rückt auf diese Weise doch wieder in die Mitte seiner Welt, nachdem er gerade das Zentrum des Sonnensystems aufgeben musste. Ein zugegebenermaßen manchmal verwirrendes Hin und Her der Positionen, das auch vielen Großen der Geistesgeschichte Mühe macht, hier aber nicht weiter verfolgt werden soll, da es weniger um Kopernikus und mehr um Kepler geht. Der interessierte sich vor allem für die erste Idee seines revolutionären Vorgängers.

Genauer gesagt, begeisterte sich Kepler unmittelbar für den heliozentrischen Vorschlag, obwohl es mit diesem Modell eine eigentlich unübersehbare und unüberwindbare Schwierigkeit gab. Denn offenkundig passt die Behauptung, die Erde drehe sich um die Sonne, die dabei selbst als ruhend betrachtet wird, nicht mit den Erfahrungen zusammen, die Menschen mit ihren Sinnen machen. Diese erlebten Eindrücke finden ihren Ausdruck sogar in der Sprache wieder und lassen die Menschen morgens von einem Sonnenaufgang und abends von dem dazugehörenden Untergang sprechen, obwohl der zentrale Himmelskörper im heliozentrischen Modell keinen einzigen Schritt tut und nicht geht, sondern einfach ruht.

Neben diesen allgemeinen Schwierigkeiten, dem Modell des Kopernikus zu vertrauen, gab es im frühen 17. Jahrhundert das weitere Problem, dass keinerlei empirische Evidenz für eine Drehung der Erde um die Sonne vorlag, was es vielen Astronomen dieser Zeit leicht machte, den heliozentrischen Gegenvorschlag zum geozentrischen Kosmos als belanglose Spielerei ohne wissenschaftlichen Wert abzutun. Es war offenbar mehr oder weniger allein Johannes Kepler, der trotz der genannten Widrigkeiten von Anfang an fest von der zentralen Position einer wärmenden und leuchtenden Sonne überzeugt war.

Kepler glaubte an das, was Kopernikus sagte. Dieser Glaube beruhte auf einem Grund, der direkt zu Gott führt. Er steckt darin, dass unser Astronom durch das kopernikanische System von »religiöser Leidenschaft« erfasst wurde, wie der Physiker und Nobelpreisträger Wolfgang Pauli (1900–1958) in den 1950er-Jahren in einer historischen Analyse ausgearbeitet und geschrieben hat.

Tatsächlich sieht Kepler in der heliozentrischen Anordnung am Himmel »das körperliche Abbild« des »dreieinen Gottes« in der Welt, wobei er Gott den Vater im Zentrum, seinen Sohn in der Oberfläche der Kugel und den »Heiligen Geist im Gleichmaß der Bezogenheit zwischen Punkt und Zwischenraum« sieht, wie es bei ihm etwas kryptisch und für die Gegenwart nicht immer leicht nachvollziehbar heißt.

Einfacher ausgedrückt: Kepler erkundet die Gestalt des Kosmos im heliozentrischen Glauben mithilfe der christlichen Trinität, und mit diesen Vorgaben macht er sich daran, »nach den wahren Gesetzen der Proportionen der Planetenbewegung als dem wahren Ausdruck der Schönheit der Schöpfung zu suchen«, wie es Pauli in dem Aufsatz formuliert, in dem er 1952 den Einfluss archetypischer Vorstellungen auf die Bildung naturwissenschaftlicher Theorien bei Kepler erkunden möchte.

Pauli erläutert am Beispiel von Kepler seine bis heute von Wissenschaftsphilosophen kaum zur Kenntnis genommene Ansicht, dass erfolgreiches wissenschaftliches Erkennen nicht allein rational gelingt, sondern vor einem archaischen (irrationalen) Hintergrund stattfindet, in dem Pauli Urbilder der Seele vermutet, die sich als sogenannte Archetypen am Denkspiel des Erkennens beteiligen. Und eines dieser archetypischen Urbilder, die in das Bewusstsein gelangen können, findet sich in der Trinität oder Dreifaltigkeit (Dreieinigkeit), mit deren Hilfe Kepler seinen festen Glauben an die Zuverlässigkeit des kopernikanischen Modells erlangt und mit dessen Vorgabe und Hilfe er nun in der Lage ist, als empirisch tätiger Wissenschaftler nach »den wahren Gesetzen« der Planetenbewegung Ausschau zu halten.

Geheimnisvolle Gesetze

Bekanntlich findet Kepler im Laufe seines weiteren Lebens drei Gesetze dieser Art, wobei sich die genannte Zahl nicht nur in die christliche Harmonie fügt, sondern auch zu einem besonderen Erlebnis von Kepler führt.

Tatsächlich findet er zunächst zwei Gesetze für die Bewegung der wandernden Himmelskörper, von denen das erste allgemein für die Entwicklung des wissenschaftlichen Denkens von größter Bedeutung ist. Es stellt den Abschied von kreisförmigen Planetenbahnen am Himmel dar und verkündet, dass zum Beispiel die Erde die Sonne auf einer Ellipse umläuft.

Kepler erkennt die außerirdische Realität dieser geometrischen Figur mithilfe von langwierigen Beobachtungen der Marsbahn und sich nahezu ewig hinziehenden Berechnungen, wobei diese quantitative Akribie erkennen lässt, dass hier neben dem religiösen Eiferer auch ein streng der Empirie verpflichteter Wissenschaftler heutiger Prägung am Werk ist, was Kepler unmittelbar als Mittler zwischen der mittelalterlichen und der modernen Welt erkennen lässt. Er steht und wirkt wahrlich am Beginn der Neuzeit, wie man auch sagen kann und was zeigt, dass an seinem Beispiel noch mehr zu lernen ist – unter anderem die Tatsache, dass seine große Entdeckung von Planeten, die auf Ellipsen unterwegs sind, nicht zum Ende einer Untersuchung führt, sondern im Gegenteil einen neuen Anfang erzwingt. Aus dem folgenden Grund:

Solange die Planeten kreisförmig von außerirdischen Himmelssphären bewegt wurden, so lange fragte niemand nach der Kraft, die dafür nötig war. Die Götter hatten es auf diese perfekte Weise so eingerichtet, und mehr war da für Menschen nicht zu wissen und zu wollen.

Indem Kepler die Kreise abschaffte und durch Ellipsen ersetzte, kam er zwar wissenschaftlich gesehen der Wahrheit am Himmel näher, musste aber dafür einen Preis zahlen. Er bestand in der Verpflichtung, eine Antwort auf die Frage zu geben, wer oder was für die gefundene geometrische Form zuständig ist und die nötige Kraft dafür liefert. Kepler sah das Problem, kam aber nicht auf die Lösung, die noch ein knappes Jahrhundert auf sich warten lassen musste, und zwar so lange, bis Sir Isaac Newton in England die Bühne der Wissenschaftsgeschichte betrat, wie in dem dazugehörigen Kapitel genauer geschildert wird.

An dieser Stelle kann die Situation aber bereits benutzt werden, um einen wesentlichen Zug von naturwissenschaftlichen Fortschritten deutlich zu machen, der gerne übersehen oder missachtet wird. Gemeint ist das Phänomen, dass Kepler zwar der Wahrheit über die Planetenbahnen – ihrem richtigen und tatsächlichen Verlauf – nähergekommen ist, aber nur dadurch, dass er das Geheimnis ihres Wanderns nicht verkleinert, sondern im Gegenteil vergrößert hat. Die Planeten können Menschen ebenso verzaubern wie die Ellipsen, auf denen sie ihre Bahnen ziehen, und jedes dazugehörige Gesetz bringt mehr Gelegenheit zum Staunen.

Dazu reicht ein Blick auf das zweite Gesetz, das Kepler findet und welches heute als »Flächensatz« bekannt ist. Es meint das Folgende:

Wenn man sich vorstellt, der umherziehende Planet sei mit einem Bindfaden an der Sonne befestigt, und dann schaut, welche Fläche er während der Bewegung überstreicht, kommt man seit Kepler zu dem Ergebnis, dass in gleichen Zeiten gleiche Flächen erfasst werden. So lautet auch sein zweites Gesetz für die Planetenbewegung, über das man ruhig staunen und bei dem man sich fragen darf, wer das Räumliche und Zeitliche so eng verweben und das dazugehörige Gebilde unsichtbar sichtbar um uns legen konnte.

Nachdem Kepler den Flächensatz gefunden hatte, gab es viel anderes zu erledigen. So sollte es noch einige Jahre dauern, bis Kepler sich erneut »der Betrachtung himmlischer Harmonien« widmen konnte, wie er in seiner *Weltharmonik* von 1619 schreibt. Dabei erkannte er nicht nur, »worin bei den Bewegungen der Planeten vom Schöpfer die harmonischen Proportionen ausgedrückt sind«, er konnte seinen Einsichten nun sogar eine elegante mathematische Form geben, die heute als »drittes Gesetz« von Kepler bekannt und berühmt ist.

Der gläubige Astronom fand nämlich nach langem und mühevollem Umgang mit massenhaft vielen Zah len, dass die Umlaufzeiten der Planeten (T) und ihr mittlerer Abstand zur Sonne (A) zusammenhängen, und zwar so, dass das Verhältnis aus den Quadraten der Umlaufzeiten (T2) und den Entfernungen zur dritten Potenz erhoben (A3) für alle Planeten gleich und damit konstant ist. T2/A3 ist eine feste Größe am beobachtbaren Himmel, wie Kepler feststellte.

Wenn das viele gläubige oder ungläubige Menschen heute nicht mehr unbedingt vom Hocker reißt, so sollten sich wenigstens einige von ihnen durch etwas anderes verblüffen lassen, nämlich durch Keplers unbeschreibliche Freude, die ihn erfasste, als er das dritte Gesetz erkannte und vor sich sah.

In seinen Mitteilungen dazu bekennt er offen: »Ich überlasse mich heiliger Raserei.« Ich stelle mir dabei vor, wie fröhlich, vergnügt und ausgelassen der kleine Mann durch seine Räume oder über die Straßen seiner Stadt gehüpft ist, um jubelnd in die Hände klatschend seine astronomische Erkenntnis des göttlichen Weltenplans zu feiern. Wahrscheinlich hätte er am liebsten alle Menschen umarmt, die in seiner Nähe und bei drei nicht auf irgendwelchen Bäumen waren. Solch eine unbändige Begeisterung und ihre Schilderung zieht unmittelbar eine spannende Frage nach sich: Warum kann sich heute kein Wissenschaftler mehr auf ähnliche Weise freuen und durch Einsichten in die Abläufe der Natur berauschen lassen? Selbst Staunen scheint ein Fremdwort im Bereich der Forschung geworden zu sein, obwohl Keplers heilige Raserei ausreichend Anlass dazu geben könnte.

Staunen heute

Wenn oben gesagt wurde, dass inzwischen »kein Wissenschaftler« mehr unbändig über eine Entdeckung jubelt und ausgelassen feiert, dann erfasst diese Feststellung mehr den Eindruck, den die Öffentlichkeit von der Forschung hat und den sie in den Medien serviert bekommt. In der hier vorgeführten Wissenschaft geht alles sachlich und korrekt und damit eher langweilig vor sich. Selbst wenn dort das Fest des Nobelpreises gefeiert wird, agieren die Ausgezeichneten eher steif und brav. Vermutlich kann sich heute niemand mehr einen Wissenschaftler wie den Griechen Archimedes vorstellen, der beim Einsteigen in eine Badewanne das überlaufende Wasser bemerkte. Diese Beobachtung half ihm zuerst, ein äußerst drängendes Problem zu lösen, und löste danach eine derartige Jubelstimmung in ihm aus, dass er nicht an sich halten konnte und nackend durch die Straßen lief, um allen dort umherlaufenden Menschen sein »Heureka« zu verkünden – »Ich habe es gefunden!«, nämlich die Lösung der Frage, wie man das Volumen eines kompliziert gestalteten Kunstwerks – einer Krone in diesem konkreten Fall – ermittelt, ohne sie zu beschädigen.

»Ich konnte gut nachvollziehen, wieso Archimedes so aus dem Häuschen geraten war«, so Jeannette Walls in ihrem Buch *Das ungezähmte Leben*, das aus der Perspektive eines Mädchens erzählt wird, die folgende Erfahrung gemacht hat: »Es gab doch nichts Schöneres als dieses Gefühl, das einen überkam, wenn es klick machte und man plötzlich etwas begriff, das einem ein

Rätsel gewesen war. So schöpfte man Hoffnung, dass es vielleicht doch möglich war, diese gute alte Welt in den Griff zu bekommen.«

Die gesamte öffentliche Einstellung zum Vorgehen der Wissenschaft könnte sich ändern, wenn die Freude erwähnt wird, die mit dem Erkennen verbunden ist. Sie kann sowohl einem kleinen Mädchen ein herrliches Gefühl liefern als auch den großen Kepler in heilige Raserei versetzen. Sie hat im 20. Jahrhundert den französischen Biologen François Jacob und seinen aus Südafrika stammenden Kollegen Sydney Brenner dazu gebracht, »wie zwei Verrückte einen wilden Freudentanz« aufzuführen, nachdem ihnen ein eleganter Einblick in das Funktionieren des genetischen Apparats einer Zelle gelungen war.

Gott muss doch ganz in der Nähe gewesen sein, wenn sich Menschen so unbändig darüber freuen, dass sie mit ihren geistigen Mitteln etwas von seiner Schöpfung verstehen können. Zumindest Keplers Gott wird bei dem Blick auf die tanzenden Forscher Wohlgefallen gefunden haben. Keplers Gott hat nämlich zum einen dafür gesorgt, dass die Welt durch ihre Schönheit den Menschen zugänglich ist. Und er hat seine sterblichen Ebenbilder ermutigt, ihr Wissen mit seiner Hilfe – mit seinen uns eingepflanzten Urbildern – zu erwerben und zu vermehren. Auf diese Weise wird Wissenschaft genau zu dem Gottesdienst, den Kepler in seinem astronomischen Tun gesehen und täglich praktiziert hat. Er muss sich trotz aller finanziellen Not dabei glücklich gefühlt haben.

GALILEIS GEHABE

Nur wenige Wissenschaftler verfügen über den Bekanntheitsgrad des Italieners Galileo Galilei (1564–1642), was vermutlich aber weniger an seinen fachlichen Qualifikationen und sachlichen Einsichten, sondern mehr an seinem polternden Auftreten und polemischen Engagement liegt, die beide zudem mit einem unübersehbaren Geltungsbedürfnis gepaart waren.

Galilei ging es vor allem um die Priorität von Ideen und Entdeckungen. Ich kann mir gut vorstellen, dass er heute ein gefragter und gern gesehener Gast in televisionären Talkrunden wäre, der sich lärmend und stets selbstsicher über Gott und die Welt auslassen und alles besser wissen würde.

Es sind wohl vor allem diese menschlichen Eigenschaften gewesen, die den Poeten Bertolt Brecht auf die Idee brachten, in der ersten Hälfte des 20. Jahrhunderts ein Theaterstück über das »Leben des Galilei« zu schreiben, in dem der lebendige Dichter dem toten Forscher wunderbare Sätze wie den folgenden in den Mund legt:

»Ich halte dafür, dass das einzige Ziel der Wissenschaft darin besteht, die Mühseligkeit der menschlichen Existenz zu erleichtern.«

Brecht lässt seinen Galilei zum einen als leidenschaftlichen Wissenschaftler erscheinen, der »wie ein Liebender, wie ein Betrunkener« herausbrüllt, was er erfahren hat, und den eine große Sehnsucht auszeichnet: »Ich denke manchmal: Ich ließe mich zehn Klafter unter der Erde in einen Kerker einsperren, zu dem kein Licht mehr dringt, wenn ich dafür erführe, was das ist: Licht«, lässt Brecht Galilei sagen.

Auf der anderen Seite führt der deutsche Dichter in seinem Theaterstück einen eher aggressiven Galilei vor, der gegen die unübersehbare öffentliche Dummheit kämpft und denjenigen in hoher Erregung »keine Gnade« gewähren will, »die nicht geforscht haben und doch reden«.

Der letzte Satz passt ganz vorzüglich auf die vielen Ethiker und andere Philosophen, die in unseren Tagen etwa den biologischen und chemischen Wissenschaften unentwegt mit moralisch erhobenen Zeigefingern in die praktische Quere kommen wollen, ohne selbst auch nur das geringste Wissen erworben zu haben oder anbieten zu können, das den zahlreichen bedürftigen Personen unserer Tage die zitierte »Mühseligkeit der menschlichen Existenz« tatsächlich nehmen kann (statt sie unnötig zu vergrößern).

Der Blick an den Himmel

Wer den Namen Galilei hört, denkt vermutlich zuerst daran, dass der Forscher doch mit der katholischen Kirche in Konflikt geraten ist und dann sogar die hässlichen Hände der unnachgiebigen Inquisition zu spüren bekommen hat, die ihm schwer zugesetzt und zu einem unnötigen Widerruf gezwungen haben.

Erst im Anschluss an dieses Trauerspiel fällt vielen Menschen bei dem Namen Galilei ein, dass dieser Physiker und Astronom Ansichten über die Bewegungen und das Aussehen von verschiedenen Himmelskörpern entwickelt hat, wobei Galilei als einer der ersten Astronomen seine Objekte nicht mehr nur mit bloßem Auge betrachten konnte, sondern dass ihm dabei maßgeblich die damals neue Konstruktion eines Fernrohrs zu Hilfe gekommen ist, das der Wissenschaft im Besonderen und der Menschheit im Allgemeinen ab 1609 eine stark erweiterte Sicht des Universums erlaubte.

Übrigens – für »Fernrohr« kann man auch »Teleskop« sagen, und es gehört zu meinen liebsten und leider nicht erfundenen Anekdoten, dass eine bekannte Philosophin in ihren Vorträgen über Galilei und andere Beobachter der Sterne in seiner Zeit stets von dem wunderbaren Teleskop mit einem »o« in der Mitte sprach, das der italienische Physiker und seine Kollegen an den Himmel gerichtet haben. Mir gefällt das deshalb ausnehmend gut, weil in dem theologischen Versprecher die faktische Ferne (Tele) durch ein sinnvolles Ziel (Telos) ersetzt wurde und den Gedanken suggeriert, man habe mit dem Fernrohr einen Ort für den lieben Gott gesucht.

Natürlich zeigt sich selbst bei dem Einsatz neuester technischer Mittel weder der gewünschte Herr, noch war Galileis teleskopischer Blick an den Himmel im theologischen Sinn des Wortes zielgerichtet. Dem Helden von Brechts Theaterstück ging es nicht um einen Gottesbeweis, sondern schlicht und einfach um Beobachtung und eine Wissenschaft der Sterne mit besseren Methoden.

Als das besagte und wahrscheinlich in Holland zuerst gebaute Instrument im frühen 17. Jahrhundert Männern wie Galilei zur Verfügung stand und nach und nach – nicht zuletzt von ihm selbst – verbessert werden konnte, zeigten sich rasch zahlreiche Befunde am Himmel, die es zu verstehen und mit dem herrschenden Weltbild einer vornehmlich christlichen Menschheit zu versöhnen galt. Unter anderem offenbarte zum Beispiel der Mond eine merkwürdige Struktur seiner Oberfläche mit runden Kratern und länglichen Bergrücken, was ihm auf jeden Fall den Nimbus einer perfekten Kugel nahm, der ihm zukam, solange viele Götter oder ein Gott für ihn zuständig waren.

Weiter ließ die Sonne auf ihrer Oberfläche Flecken erkennen, was sie in einem göttlichen Sinn unrein machte, weshalb das auf Schmutz verweisende Wort »Sonnenfleck« ja überhaupt als Fachausdruck gewählt wurde. Und um den Planeten Jupiter konnte man einige Monde kreisen sehen, was den Astronomen und anderen Erkundern des Himmels viel Stoff zum Denken gab, da es offenbar zu den Regelmäßigkeiten am Himmel gehörte, dass kleinere Objekte um ein größeres zirkulierten – wobei an dieser Stelle für heutige Leser sicher nicht eigens erwähnt zu werden braucht, dass es sich in wissenschaftlichen Kreisen längst herumgesprochen hatte und als Tatsache akzeptiert wurde, dass die Erde sehr viel kleiner als die sogar als riesengroß angesehene Sonne war, die sich der kirchlichen Lehre und päpstlichen Überzeugung zufolge angeblich um unseren eher winzigen Heimatplaneten drehen sollte.

Das Buch der Natur

Bevor es das Fernrohr für den Himmel gab, war Galilei mehr mit irdischen Dingen und ihrer Physik beschäftigt, wie sie sich etwa in pendelnden Kronleuchtern oder den Bewegungen von fallenden oder schwimmenden Körpern zeigt. Er versuchte, nach vielen Experimenten mittels zahlreicher Vorrichtungen, die fleißig beobachteten und gemessenen Zahlen mithilfe der dazugehörenden Sprache zu verstehen, also mit den Formeln und Gleichungen, die die Mathematik den Menschen zur Verfügung stellt.

Galilei gewann dabei eine Überzeugung, die er in seinem Buch *Il Saggiatore* (Der Goldwäger) bis 1623 in einer Art Glaubensbekenntnis aufschrieb, dem die moderne Wissenschaft bis heute anhängt, obwohl es in vielen Disziplinen – etwa bei der Erforschung des Lebens – nicht unbedingt in der beschworenen Strenge haltbar ist und irgendwann von den praktizierenden Wissenschaftlern einmal gründlich bedacht und bezweifelt werden sollte:

»Das Buch der Natur kann man nur verstehen, wenn man vorher die Sprache und die Buchstaben der Mathematik gelernt hat, in denen es geschrieben ist. Es ist in mathematischer Sprache geschrieben, und die Buchstaben sind Dreiecke, Kreise und andere geometrische Figuren, und ohne diese Hilfsmittel ist es menschenunmöglich, auch nur ein Wort davon zu verstehen.«

Mit anderen Worten, Galilei verkündet als seine feste Überzeugung, dass Gott ein Mathematiker ist. Viele Zuhörer sind bis heute von dieser Botschaft so sehr angetan und begeistert, dass niemandem auffällt, wie gewaltig Galilei hier aufschneidet. Was er sagt, heißt nämlich in moderner Sprache, dass es mathematisch fassbare Naturgesetze für Bewegungen wie etwa die des freien Falls von Kugeln und anderen Gegenständen gibt, um die sich Galilei höchstpersönlich und höchst emsig bemüht hat – leider ohne jeden Erfolg.

Galilei lag keinerlei Beweis für seine oben zitierte starke Behauptung vor, das Buch der Natur sei mathematisch verfasst, und sein Diktum sollte sich frühestens am Ende des 17. Jahrhunderts als relevant und akzeptabel herausstellen, nachdem der schon einmal angekündigte Isaac Newton sein berühmtes Gesetz für die Schwerkraft finden konnte, wie im nächsten Kapitel geschildert wird.

Kurzum, was Galilei über die Mathematik schreibt, entspricht und entspringt vielleicht seinen Wünschen und verdient vielleicht unsere Bewunderung als eine kühne Vision, hat aber leider mit dem ihm und seiner Zeit verfügbaren Wissen nichts zu tun. Dieser Widerspruch zwischen Anspruch und Wirklichkeit brachte unseren Helden dann auch in den gefährlichen Konflikt mit der Kirche, den nur die Institution gewinnen konnte.

Wie gesagt, es dauerte einige Zeit, bis Galilei seine Augen von der Erde abwandte und sie durch ein Fernrohr an den Himmel schauen ließ, aber in dem Zusammenhang begann er sich auch so allmählich der Frage zuzuwenden, ob Kopernikus mit seinem heliozentrischen System besser beschreibt, wie sich die Planeten und ihre Sphären bewegen, als es das von der Kirche bevorzugte Schema mit der Erde in der Mitte der Welt zustande bringt. Unserem Helden gelingen einige glänzende Beobachtungen – neben den erwähnten Befunden muss unbedingt die Erkenntnis einer irregulären Struktur des Saturns genannt werden –, und sein Wissen bringt er als *Sternenbotschaft* (*Sidereus Nuncius*) in einem Buch unter, das sich weniger an die Kirche und mehr an die Kollegen richtet, denen gegenüber Galilei Stärke beweisen und seinen Anspruch auf Priorität festhalten möchte.

Er ist nicht nur extrem ehrgeizig, ihn ärgert zudem das sture Festhalten an überlieferten Gedanken, ob sie nun von Aristoteles oder aus der Bibel stammen. Er kämpft unermüdlich gegen alles, was einen Denkzwang ausübt – was ganz sicher zu Brechts Zuneigung ihm gegenüber beigetragen hat. Bei dem geschilderten Charakter muss es Galilei deshalb 1632 ein diebisches Vergnügen bereitet haben, seinen heute so berühmten

Dialog über die beiden hauptsächlichen Weltsysteme zu verfassen, womit das neue kopernikanische und das alte geozentrische Bild gemeint sind, die miteinander zum Nachteil kirchlicher Lehren verglichen werden.

In seinem in vielen Teilen polemischen Text zeigt Galilei, dass ein toskanischer Bauer leichter das Geschehen am Himmel versteht als ein aristotelischer Philosoph, und er macht sich höchst vergnüglich über alle Zeitgenossen lustig, »die trotz guter Augen nicht sehen, was andere mit ihrer Erfahrung an Wahrem und Irrigem aufgedeckt haben«.

Mit diesem Dialog hat Galilei zwar der Nachwelt eine große Freude, sich selbst aber leicht angreifbar gemacht. Die Kirche sollte sich bald rühren und ihre unchristliche, menschenverachtende Macht zeigen.

Der Konflikt mit der Kirche

Galileis Konflikt mit der Kirche hatte um 1614 begonnen, als er sich in Briefen und Gesprächen dahingehend äußerte, dass es doch für Astronomen nicht um die Frage gehen könne, ob einzelne Bibelstellen in Einklang mit dem kopernikanischen System stünden oder nicht. Es gehe in der Wissenschaft seiner Tage vielmehr um die Aufgabe, das ganze Denken über den Kosmos von der ihm überholt erscheinenden Philosophie des Aristoteles zu lösen und für eine Epoche neu zu entwerfen, der ein Teleskop zur Verfügung stand, das den Himmel näher holte und genauer Beobachtung zugänglich machte.

Nun hatte sich die Kirche schon seit Langem entschieden, das Denken des großen Griechen nicht nur als zufällige Ergänzung einer durchweg christlichen Weltanschauung zu betrachten, sondern sich zu dem wissenschaftlichen Inhalt seiner Schriften zu bekennen. Zwar gab es einzelne Bemühungen in katholischen Kreisen, vorsichtig zu begründen, warum die Bibel dem historischen Schritt von Aristoteles zu Kopernikus kein Hindernis in den Weg lege. Aber im Jahre 1616 verkündete das Heilige Offizium unbeirrt und stur in Form eines Dekrets, dass die Behauptung, die Sonne stehe im Zentrum der Welt, »irrtümlich im Glauben« sei.

Natürlich hinderte dieses Wissen einen Kämpfer wie Galilei nicht, weiter in dieser Wunde zu bohren. So publizierte er in seinem bereits erwähnten Dialog über die beiden Weltsysteme die erste populäre Darstellung des kopernikanischen Systems. Damit geriet er in das gnadenlose Räderwerk der Inquisition. Nach einem unwürdigen Prozess wurde Galilei am 22. Juni 1633 dazu verurteilt, der heliozentrischen Lehre auf Knien abzuschwören und ihre Behauptungen als bedauerlichen Irrtum zu bezeichnen – worauf er sehr viel später mit seinem berühmten »Und sie bewegt sich doch« rhetorisch reagiert hat.

Galilei hat sich seine Verurteilung zielsicher persönlich mit eingebrockt, und zwar dadurch, dass er in seinem *Dialogo* einen Gesprächspartner mit dem wenig schmeichelhaften Namen »Simplicio« auftreten lässt, dem er – für alle Leser seiner Zeit unmittelbar ersichtlich – die eigentlich gar nicht so schlichten Ansichten des amtierenden Papstes in den Mund legt. Es handelt sich um Urban VIII., der damals schon genug Niederlagen im weltlichen Raum hinnehmen musste und dem jetzt wohl der Geduldsfaden gerissen war, wobei eine genaue Darstellung zeigen könnte, wie sehr der Papst mit manchen Vorwürfen gegenüber Galilei recht hatte. Dazu gehört die Verwerfung von Galileis übertriebenem Anspruch, die kopernikanische Lehre beweisen zu können. Urban VIII. meinte, in der Mathematik gebe es Beweise, am physikalischen Himmel nur Beobachtungen mit plausiblen Erklärungen.

Doch wie dem auch sei, mit dem Urteil gegen Galilei war ein in vielen Kreisen willkommener Märtyrer geboren worden. Es dauerte viele Hundert Jahre bis zum Herbst 1992, bis die Kirche durch Papst Johannes Paul II. Galileis Verdammung endlich aufgehoben und seine Verurteilung als unglückliches Ergebnis »eines tragischen wechselseitigen Unverständnisses zwischen dem Pisaner Wissenschaftler und den Richtern der Inquisition« bezeichnet hat.

Galileis Glaube

Keine Frage, Galilei ist heftig mit der Kirche in Konflikt geraten. Lag das mehr an seiner Streitlust oder mehr an seinem Glauben? Was kann man überhaupt über Galileis Gott sagen?

Die Antwort auf die letzte Frage fällt sehr enttäuschend aus und heißt: »Wenig!« Zwar findet man in der Literatur Hinweise auf den gläubigen Christen Galilei oder gar auf einen frommen Katholiken, aber ein Bekenntnis, in dem Galilei anderen etwas über den konkreten Inhalt seines Glaubens verrät, ist nicht überliefert. Der Astronom hat – siehe oben – Gott offenbar als Mathematiker und nicht als Dichter eingestuft. Im Übrigen hat er oft betont, dass der Allerhöchste vor allem erwarte, dass wir ihn lieben, was man aber auch als rhetorische Floskel verstehen kann, die in seiner Zeit üblich war.

Was Galileis persönliches Dasein anging, so lebte er »in Sünde«, was konkret bedeutete, dass er mit einer Venezianerin namens Maria Gamba in einem Konkubinat zusammenlebte. Die beiden hatten drei gemeinsame Kinder, wobei die ärgerliche Tatsache bemerkenswert ist, dass Galilei nur seinen Sohn legitimierte, während er seine beiden Töchter ins Kloster schickte – vermutlich, um sich die teuren Hochzeiten zu ersparen.

Unabhängig davon war Galilei in Sachen Kirche und eines Gottes überraschenderweise ein eher schablonenhafter Denker, bei dem keinerlei Differenzierung zu finden ist und der Luther und Calvin bequem als Erzketzer diffamierte. In einem Brief vom 13. Oktober 1632 an den Kardinal Barberini bekundet Galilei ganz devot seine völlige »Ergebenheit gegenüber der heiligen Kirche«, und er schreibt ganz brav von »Demut, Ehrerbietung, Untertänigkeit und Gehorsam«, wenn er auf seine Einstellung gegenüber der Kirche und ihren Repräsentanten zu sprechen kommt.

Galileis nach außen zwar rebellisch wirkende, tatsächlich aber höchst unterwürfige Einstellung der katholischen Kirche gegenüber kommt auch in seinen Ansichten zu Kepler zum Ausdruck, über den er sich in einem 1618 geschriebenen Brief an Erzherzog Leopold von Österreich beschwert, da der deutsche Astronom als »ein nicht zu unserer heiligen Kirche Gehörender« sich erdreiste, die Richtigkeit des kopernikanischen Systems zu beweisen.

Offensichtlich ärgert es Galilei, dass da einer wissenschaftlich weiter gekommen war als er. An dieser Stelle hört bei ihm jeder Spaß auf. Heiterkeit und Freude sucht man in seinem Leben vergebens. Von heiliger Raserei oder weltlichen Freudentänzen keine Spur. Kein souveränes Gottesbild eines großen Geistes, nur das oftmals grummelnde und eigenbrötlerische Gehabe eines streitlustigen Genies.

Wie gesagt, Galileis Gott wirkt wie ein Mathematiker. Manchmal bekommt man den Eindruck, er habe trotz aller volkstümlichen Sprache viele Mitmenschen vom Wissen ausschließen und die Kenntnisse der Natur einer elitären Minderheit vorbehalten wollen. Auf jeden Fall hat er sich eher feige und ängstlich vor einem überzeugenden Gottesbild gedrückt. Man hat den Eindruck, dass Galileis Gott er höchstselbst war. Mit ihm muss er sich ausnehmend gut verstanden haben.

Ein Geheimnis bei Galilei

Übrigens – bei Galilei gibt es nicht nur wissenschaftliche Streitlust und theologische Bequemlichkeit, sondern tatsächlich auch einige Physik zu lernen, vor allem bei einigen Formen der Bewegung. Ihm wird zum Beispiel als erstem Forscher klar, dass es etwas bedeuten muss, wenn ein Gegenstand etwa auf einem gleichmäßig dahinfahrenden Schiff genauso zu Boden fällt wie am Hafen, von dem man das Ganze aus verfolgen kann. Er erhob aus dieser Beobachtung die Forderung, dass ein Naturgesetz sich nicht verändern darf – invariant bleibt –, wenn man es einmal für den ruhenden Beobachter im Hafen und ein zweites Mal für den seefahrenden Kollegen an Bord einer Jacht aufstellt. Physiker reden in dem Fall von verschiedenen Bezugssystemen. Galileis Entdeckung besagt, dass Gesetze unabhängig von gleichmäßig ablaufenden Verschiebungen sein müssen, denen solche Systeme unterliegen können.

Die Wissenschaft spricht heute von der Bedingung der »Galilei-Invarianz«. Diese konkurriert an Bedeutung mit seiner berühmten Beobachtung, dass sich Aristoteles nicht nur am Himmel, sondern auch auf der Erde geirrt hat. Dem griechischen Philosophen – und dem gesunden Menschenverstand – zufolge sollten schwerere Körper schneller fallen als leichtere Körper. Mehr als 1000 Jahre hielt man diese schlichten Gemütern einleuchtende Lehre für wahr und unantastbar.

Aber dann kam Galilei, bestieg den schiefen Turm von Pisa und ließ zwei unterschiedlich schwere Gewichte fallen und beobachtete, wie sie gleichzeitig am Boden ankamen. Mit anderen Worten: Der freie Fall von Gegenständen vollzieht sich unabhängig von der Masse der gewählten Objekte. Wenn Galilei damit auch einer physikalischen Wahrheit auf die Spur gekommen war, so bleibt sein unumstößlicher Erfolg ebenso rätselhaft wie die Gleichheit von Bewegungen in verschiedenen Systemen.

Wie und durch welche Kraft kommen das Fallen von Steinen auf der Erde und das Drehen von Planeten am Himmel überhaupt zustande? Diese Fragen und andere blieben bei allem Wissen ein großes Geheimnis, dem sich bald ein junger und ehrgeiziger Engländer zuwenden sollte – wer sonst als Newton?

NEWTONS UHRWERK

Zwischen Galileo Galilei (gestorben 1642) und Isaac Newton (geboren 1642) bestehen einige sehr enge Verbindungen, und zwar nicht nur der zufälligen zeitlichen Art, indem der eine justament zur Welt kommt, als der andere sie verlässt, sondern auch auf der konzeptionellen Ebene, was das Wissenschaftliche angeht. Unter anderem wird Newton am Ende des 17. Jahrhunderts zu erklären versuchen, warum Körper überhaupt fallen, warum sie dabei immer schneller werden und eine Beschleunigung erfahren, die nichts mit ihrem Gewicht zu tun hat, wie Galilei zur damals allgemeinen Überraschung aufgefallen war und was heute routinemäßig als Schulstoff in den Gymnasien gelehrt wird (ohne dass jemand diesen Sachverhalt wirklich versteht und das in ihm verborgene Geheimnis lüften kann).

Vor allem aber legt Newton im Jahre 1687 ein gigantisches Werk mit dem absichtlich wenig populären und zudem auf lateinisch gehaltenen Titel *Philosophiae Na-*

turalis Principia Mathematica vor, das in der Fachwelt als *Principia* zitiert und verehrt wird und was sich ein Normalbürger als »Mathematische Prinzipien der Naturlehre« denken kann. In diesem wahrlich erstaunlichen Buch, in dem es sogar eine »Betrachtung der Welt als Ganzes« gibt, legt der berühmte Brite eine Art umfangreichen und überzeugenden Beweis der burschikosen Behauptung von Galilei vor, das Buch der Natur sei in der Sprache der Mathematik und Geometrie geschrieben. Newton gelingt es sogar, diese eigenwillige Sprache und ihre ungewohnten Wörter mit zugehöriger Grammatik für ausgewählte Situationen ganz konkret mithilfe von Gleichungen anzugeben und auszuformulieren.

In den dazugehörigen Formeln wird etwa ausgedrückt, dass die Kraft F (der Buchstabe steht für das englische »force«), die zwischen zwei Massen wirkt (m1 und m2), durch das Produkt dieser beiden Größen und dem Quadrat ihres Abstands (r2) bestimmt wird. Mit dieser genau überprüfbaren und korrekten Einsicht und der unkonventionellen Festlegung, dass die Anwendung einer Kraft auf einen Körper zu einer Veränderung von dessen Geschwindigkeit führt, die mit zunehmender Masse geringer ausfällt – »Kraft gleich Masse mal Beschleunigung« heißt die Beziehung in der Sprache der Mathematik –, sieht sich Newton bald zu der sensationellen Leistung in der Lage, das dritte der Gesetze, das Kepler für die Planetenbewegung aufgestellt hatte, aus elementaren Vorgaben mathematisch abzuleiten, was ungeheuren Eindruck auf seine Zeitgenossen macht. Denn offenbar verläuft am Himmel alles nach den physikalischen Gesetzen, die auch auf der Erde gelten. Sie gehorchen den mathematischen Prinzipien, die sich Menschen ausgedacht haben.

Diese für sich schon wundersamen und fantastischen Einsichten bringen nicht zuletzt den noch erstaunlicheren Gedanken hervor, dass das uns beherbergende Universum ein gigantisches Uhrwerk ist – Newtons »Clockwork« in seiner Muttersprache –, dank dessen Mechanik alles wohl bestimmt und berechenbar und ordentlich abläuft und uns einen geschützten Platz bietet.

Mit dem kosmischen Uhrwerk verschiebt sich für einen Gläubigen auf den ersten Blick die Aufgabe, die einem Gott zukommt (der zweite Blick kommt später). Sein Leben und Werken werden viel leichter. Denn während der Herr vor Newton noch die ganze Welt in all ihren Einzelheiten erst mühsam erschaffen und dann die ganze Ewigkeit über an einer kurzen Leine halten musste, reicht es nun, wenn er gleich zu Beginn die entsprechenden Naturgesetze kreiert und sie dann ohne weiteres Zutun wirken lässt. Sie bringen alles Vorhandene erst zum Laufen und halten die Welt später auch dauerhaft in Bewegung und uns mit und auf ihr.

Der letzte Gedanke hört sich heute zwar harmlos an, im 17. Jahrhundert stellte er aber einen Angriff auf den verehrten Aristoteles dar, der bei aller Weisheit, die man ihm gerne attestieren wird, ab und zu völlig falschgelegen hatte. Vor allem, wenn es um Physik ging. Zu den Ansichten des Griechen gehörte nämlich seine Überzeugung, dass die Bewegung eines Körpers zum Erliegen kommt, wenn die Kraft, die ihn antreibt, nicht mehr wirkt.

Damit konnte Aristoteles zwar nicht einmal erklären, warum ein Stein weiterfliegt, wenn er die Hand verlässt, die ihn wirft. Das hat auch mehr als 1000 Jahre keinen Philosophen gestört. Erst Newton zieht der Menschheit diesen physikalischen Schuh auf der richtigen Seite an, indem er feststellt und festhält, dass eine Kraft zwar eine Beschleunigung bewirkt – positiv als Zunahme der Schnelligkeit und negativ als Bremsung –, dass ein Körper aber seine einmal erreichte Geschwindigkeit beibehält, solange keine Kraft ihn daran hindert. Allerdings: So richtig (und wahr) dieser Gedanke ist, er liefert uns nur ein neues Beispiel für das Geheimnis, das in solch einer Situation aufscheint. Denn nach dieser Einsicht gilt es, den nächsten Schritt im Denken zu vollziehen und zu verstehen, welche Eigenschaft der Körper sie und ihre Massen dazu bringt, sich gleichmäßig rasch auf der einmal eingeschlagenen Bahn weiterzubewegen.

Newton hat dieses Problem natürlich erkannt und auch eine Lösung vorgeschlagen, indem er den Massen der sich bewegenden Gegenstände eine Eigenschaft zuwies, die er »Trägheit« (oder lateinisch *inertia*) nannte und von der im Physikunterricht viel die Rede ist, auch wenn niemand so recht versteht, was da abläuft und wie sie zustande kommt.

Vor allem intuitiv finden sich viele Menschen mit Newtons Trägheit nicht zurecht, wie jeder an sich nachprüfen kann, wenn er gefragt wird, wie er beim Radfahren einen Apfel hochwerfen muss, um ihn wieder auffangen zu können. Die richtige Antwort lautet »nach oben«, denn durch seine Trägheit setzt das Stück Obst die Vorwärtsbewegung fort, während es fliegt. Die meisten Gefragten werfen den Apfel aber in Gedanken nach vorn. Dann ist er in der Wirklichkeit weg.

Die mechanische Trägheit hat es also in sich, da sie auf eine geistige Trägheit aufmerksam macht, die hier aber nicht weiter ausgeführt wird. Auf jeden Fall können Wissenschaftler mit der von Newton eingeführten und höchst geheimnisvoll bleibenden Größe bestens verstehen, warum zum Beispiel der oben erwähnte Stein, der eine ihn wegwerfende Hand verlässt, nicht zu Boden fällt, sondern in Richtung auf sein Ziel fliegt – durch seine Trägheit eben, die ihn auf einer einmal eingeschlagenen Bahn weiterkommen lässt.

Übrigens – wenn Newton die Frage, warum (und wie) Körper fallen, durch seine Idee einer Schwerkraft beantwortet, dann sagt er zwar wissenschaftlich so etwas wie die Wahrheit, aber erneut ohne dabei auch nur ein Quäntchen von ihrem Geheimnis zu lüften. Denn mit dem Hinweis auf die Gravitation endet das menschliche Wundern und Fragen nicht. Es beginnt im Gegenteil in diesem Augenblick erst, etwa indem es sich erkundigt, wie denn zum Beispiel die Masse eines Steins in Newtons Hand oder der einer anderen Person überhaupt mit der Erde in Kontakt kommt, die ihn anzieht und zu sich hin fallen lässt, sobald man ihn loslässt. Physiker sprechen dann gerne von einem Schwerefeld unseres Planeten (und anderer Massen), das den Raum durchzieht und erfüllt, aber dadurch vertiefen sie das Geheimnis nur.

Wer weiß denn schon, wie solch ein Kraftfeld erst entsteht, dann seinen Anziehungspartner findet und

ihn schließlich in Bewegung versetzt? Das Staunen verschiebt sich, aber es bleibt, erst recht für denjenigen, der
im Rahmen der Physik anfängt, ein klein wenig von der
Natur zu verstehen. Was mit dem wachsenden Wundern
zunimmt, ist der Mut von vielen Menschen, noch mehr
und weiter über das Offene zu staunen, das sich ihnen
in der Welt auch da darbietet, wo Lehrbücher mit ihren
Lösungen alles abgedeckt zu haben scheinen.

Newtons Wirkung

Keine Frage, Newton steht als ein Gigant der Wissenschaftsgeschichte da. Auch dann, wenn seine zahlreichen Beiträge zum Verständnis der Optik und der Farben und seine neuartige Konstruktion von Teleskopen
nicht im Detail angesprochen werden und in diesem
Bereich nur darauf aufmerksam gemacht werden soll,
dass sich bei seinen Überlegungen zum Licht unübersehr-
bar ein Bedürfnis nach kosmischer Harmonie zeigt. Als
Newton nämlich einen Sonnenstrahl durch ein Prisma
in sein Farbspektrum zerlegte und dessen Farbenvielfalt
beschrieb, gab er mit Rot, Orange, Gelb, Grün, Blau,
Indigo und Violett sieben Farben an, wobei die Kenner
heute sicher sagen können, dass Newtons Prisma nicht
einmal im Ansatz die Qualität hatte, um so viele unterschiedliche Farbtöne hervorzubringen.

Der gerade erfolgte Hinweis auf die Farbtöne erläutert
aber, wieso Newton Wert auf die Zahl Sieben legte, denn
sieben Intervalle zusammen ergeben die musikalisch re-

levante Oktave – und außerdem vermutete Newton, dass es am Himmel sieben Planeten gibt. Hier wurde offenbar an höchster wissenschaftlicher Stelle massiv Wissenschaft mit Wunschdenken verwechselt, aber niemand sollte Newton böse sein, weil er sich einer Zahlenmystik und ihrer Harmonie ergeben hat.

Unabhängig davon bleibt bei seinen Ideen auffallend, dass die meisten seiner physikalisch bedeutenden Einsichten dafür gesorgt haben, dass sich andere Geistesgrößen im Anschluss daran an eine vergleichbare forschende Arbeit machten oder sich zumindest vornahmen, eigene Gegenentwürfe zu liefern, wie an drei Beispielen erläutert werden soll.

Am besten bekannt sind zum Ersten Goethes Bemühungen im Bereich der Farbenlehre, mit denen sich der Dichter unter anderem gegen Newtons Deutung der Farbe Weiß wandte, die dem Physiker zufolge als Mischung aus den Farben des Spektrums zustanden kommen soll und sie alle enthält.

Als – dies zum Zweiten – der Philosoph Immanuel Kant im 18. Jahrhundert seine legendäre *Kritik der reinen Vernunft* verfasste, hätte er dem Buch auch den Titel »Kritik der Newton'schen Physik« geben können. Denn genau darum geht es Kant, nämlich zum einen Newtons Deutungen von Raum und Zeit in seinen *Mathematischen Prinzipien*, die noch ausgeführt werden, als Erkenntnisleistung der menschlichen Vernunft zu verstehen. Und zum anderen um die Annahme des Engländers, dass die Geometrie der Welt durch die antike Lehre des Euklid festgelegt ist, in der sich parallele Linien niemals schneiden und die Winkel in einem Dreieck zusammen 180 Grad ergeben.

Kant glaubte, dass Newtons Physik mit Annahmen operiert, die nicht aus der sinnlichen Erfahrung stammen, die daher unbezweifelbar (a priori) zutreffen und durch saubere mathematische Prinzipien zur Wahrheit führen, an der – aus Sicht des Philosophen – auch keine künftige menschliche Vernunft mehr etwas rütteln kann.

Und zum Dritten hat der eher zur Beunruhigung führende Gedanke, dass man in einem Newton'schen Uhrwerk mit festliegenden Abläufen und also ohne Freiheit lebe, viele Menschen am Ende des 18. Jahrhunderts über Gegenentwürfe nachdenken lassen. Romantische Schriftsteller wie E.T.A. Hoffmann graute es vor der Vorstellung, in einem deterministischen Universum zu existieren, vorhersehbar zu leben und mechanisch verstanden werden zu können. Deshalb entwarfen sie Geschichten – zum Beispiel *Hoffmanns Erzählungen* –, in denen Personen auftreten, die sich gerade unberechenbar und frei verhalten und dabei alles durcheinanderbringen. Mit ihrer Hilfe soll gezeigt werden, dass in der persönlichen Welt nicht alles mit der Regelmäßigkeit eines mechanischen Uhrwerks abläuft, auch wenn es vielen Leuten als beruhigend erscheint, dass es ein Räderwerk geben soll, das Sicherheit liefert und auf das sie sich verlassen können.

Newtons öffentliche Verehrung in seiner Zeit hat unter anderem damit zu tun, dass seine Idee einer physikalischen Kraft, die dadurch zustande kommt, dass sich Massen gegenseitig anziehen, und die seit diesen Tagen Schwerkraft oder Gravitation heißt, nicht nur globale und eindrucksvolle Phänomene wie die regelmäßigen Gezeiten der Meere, die den Menschen seit ewigen Zeiten vertraut waren, erklären konnte – und zwar mit äußerster Präzision und höchster Raffinesse. Newtons Physik erlaubte auch anfangs unglaubliche und kühne Vorhersagen wie die, dass die Erde keine perfekte Kugel sei, sondern sich durch ihre seit mindestens Millionen von Jahren andauernde Rotation um die eigene Achse an den Polen abgeflacht habe, wie letztendlich durch viele Expeditionen im Verlauf des 18. Jahrhunderts überprüft und überzeugend bestätigt werden konnte.

Als Newton 1727 im Alter von 85 Jahren starb, verehrte sein Vaterland ihn als den größten aller Naturforscher – das ist bis heute so geblieben – und setzte ihn feierlich in der Westminster-Abtei bei. Den dazugehörigen Pomp kommentierte Voltaire in Frankreich mit dem Satz: »Newton wurde begraben wie ein König, der beim Volk sehr beliebt war.« Und der britische Dichter Alexander Pope verfasste bei dieser Gelegenheit ein Epitaph, das eine Ahnung von der Verehrung vermittelt, die bereits dem lebenden Newton zuteilgeworden war:

>*Nature and Nature's Laws lay hid in night*:
>*God said*, Let Newton be!, *and all was light.*«

Ein merkwürdiger Alchemist

Wer mit der Anrufung der Mathematik und dem Konzept eines Uhrwerks nun meint, bei Newton sei alles mit rationalen Dingen zugegangen und in seinen Schriften könne man nur eine auf Logik und Experiment gegründete Wissenschaft finden, in der Irrationalitäten, Magisches und Alchemistisches keine Chance haben, der irrt gewaltig, wie Untersuchungen der Historiker in den letzten Jahren immer deutlicher gezeigt haben.

Auf Newtons mehr metaphysische Bemühungen ist man gestoßen, nachdem klar geworden war, dass der berühmte und eine bewundernswerte Bescheidenheit suggerierende Satz von Newton »Ich stelle keine Hypothesen auf« keineswegs das Hohelied einer empirischen Wissenschaft mit induktiver Logik singen sollte, sondern aus dem Repertoire der »natürlichen Magier« seiner Zeit stammte, die natürlich ohne wissenschaftliche Hypothese auskamen, wenn sie einem staunenden Publikum auf den Jahrmärkten okkulte Kräfte und anderen Hokuspokus vorführten.

Wichtig für sie und ihre Zwecke war ja nicht, die okkulten Prinzipien aufzudecken. Wichtig war, dass diese Prinzipien existierten und angewendet werden konnten. Und mit dieser Vorgabe reihte Newton die Schwerkraft in die Vielfalt der okkulten Prinzipien ein, konnte und wollte er doch für die Gravitation keine Gründe angeben, da er ja freiwillig auf Hypothesen verzichtete. »Für uns genügt«, so Newton, »dass es die Schwerkraft wirklich gibt, dass sie sich nach den von uns dargelegten Gesetzen verhält und in aller wünschenswerten Vollständigkeit die Bewegungen der Himmelskörper erklärt.«

Mit anderen Worten – Newton zeigt sich als Magier, der die Dinge und ihre Bewegungen beherrscht und ihnen dabei ihr Geheimnis lässt (oder lassen muss), wobei man auch sagen könnte, dass Newton den Dingen und ihren Bewegungen durch seine Erklärungen überhaupt erst ihr Geheimnis gibt – zum Beispiel das Geheimnis, dass Massen um sich ein Feld erzeugen und so andere Massen umfangen und zu sich herziehen.

Newtons Gott

Der große Forscher Newton war zeit seines Lebens auch ein großer Glaubender. Der Physiker definierte den Herrn als »ewig, unendlich und absolut vollkommen«. Er sah in ihm ein »lebendes, intelligentes und mächtiges Wesen«, das die Eigenschaft der Allgegenwart besaß, das alles durchströmte und dem nichts entging.

Natürlich sah Newton ebenso wie seine Zeitgenossen, dass die Idee eines kosmischen Uhrwerks die Frage aufwarf, was als göttliche Aktivität bleibe, wenn alles mechanisch und störungsfrei ablaufe. Seine Antwort bestand darin, dass es ab und zu doch einmal zu Schwankungen und kleinen Instabilitäten kommen könne, was bedeute, dass das Sonnensystem in seinem Bewegungsablauf ab und zu ein göttliches Eingreifen benötige, um nicht ins Chaos zu geraten und die himmlische Ordnung aufzuheben.

Die Reduktion von Gottes Tun auf diese Aufgabe hat Newton den Vorwurf eingebracht, er habe aus dem Herrn einen kosmischen Klempner mit Servicevertrag und einen Lückenbüßergott gemacht. Er wehrte sich gegen diese Kritik mit Anmerkungen über die »Vollkommenheit aller göttlichen Werke«, die »mit der größten Einfachheit« ausgeführt seien, was eine Verpflichtung für die Forscher mit sich bringe. Sie müssten sich nämlich bemühen, »ihr Wissen auf die einfachste Form zu bringen«, weil sie ja »den Aufbau der Welt verstehen möchten.«

Zum Aufbau der Welt gehören das Vorhandensein von Raum und Zeit. Beiden gab Newton in einem Hauptwerk ein absolutes Gepräge. Er gestand ihnen auch eine unabhängige Existenz zu und betrachtete beide als Ausströmungen (Emanationen) Gottes, die allein deshalb ewig seien – was den zweiten Blick auf Gottes Werken und Wirken erlaubt, der oben angekündigt wurde. Während die Menschen durch die Schöpfung von Naturgesetzen dem Herrn viel Detailarbeit ersparen, erzwingen die für Raum und Zeit erforderlichen Ausströmungen einen Dienst rund um die Uhr. Wahrscheinlich sollten Gläubige dafür dankbar sein.

Zurück zu Newton: In der lateinischen Sprache der *Principia Mathematica* wird der Raum ausdrücklich als »tamquam effectus emanativus«, als Ausströmung (Emanation) Gottes bezeichnet, den er neben der Dauer (Zeit) geschaffen hat und in dem er »immer und überall« ist. Wenn nun aber Gott nicht nur der Herr über den Raum, sondern auch über die Zeit ist, dann muss man ihm auch die Fähigkeit zugestehen, die Dinge zu verändern. Genau dies findet auch Newton in dem Eintrag seines Buchs über die Optik aus dem frühen 18. Jahrhundert, den die Historiker als »Query 31« bezeichnen und gelistet haben. »Queries« sind so etwas wie rhetorische Fragen, auf die keine Antwort erwartet wird.

Was sollte auch damals jemand sagen, wenn man von ihm wissen wollte, ob Gott seine eigenen Naturgesetze übersteigen (transzendieren) konnte. Für Newton stand allerdings eines fest, dass Gott nämlich fähig ist, »Materieteilchen unterschiedlicher Größe und Gestalt zu erschaffen, in unterschiedlichen räumlichen Verhältnissen und vielleicht mit unterschiedlichen Dichten und Kräften«, wobei ihn all diese Fähigkeiten dazu in die Lage versetzen, »die Naturgesetze zu verändern«.

Mit anderen Worten: Der sogenannte Lauf der Natur ist vor allem ein Ausdruck des göttlichen Willens, von dem wir nicht wissen, ob und wie und wann er sich ändert. Er kommt nicht zu Ruhe, wie die Menschen selbst.

DARWINS TEUFEL

Dieses Kapitel spielt weiter in England, macht aber einen großen Sprung in der Zeit und wechselt zudem die wissenschaftliche Disziplin. Es geht jetzt um die Biologie und die Art, wie sie das Leben erkundet.

Es geht um Charles Darwin (1809–1882), der etwa in der Mitte des 19. Jahrhunderts den Gedanken einer natürlich ablaufenden Evolution der Organismen und ihrer Qualitäten publizierte und damit zumindest einige Vertreter der Kirchen in Rage brachte. Deren erster banaler Zorn richtete sich gegen die in Darwins Lehre offenbar enthaltene Möglichkeit, dass Menschen weniger eine bevorzugte Krone göttlicher Schöpfung, sondern eher die biologischen Nachfahren oder durch Naturkräfte bedingte Weiterentwicklung von Affen sind.

Tatsächlich regen sich bis heute viele religiöse Eiferer und noch mehr Fundamentalisten auf, wenn sie von den an sich überschaubar einfachen Grundgedanken Darwins hören. Viele Gläubige meinen nach wie vor, dass die biblische Genesis die Entstehung der Lebensvielfalt besser erklärt als der wissenschaftlich fundierte und erprobte Gedanke der Evolution. Dabei haben es Darwins Landsleute bereits im 19. Jahrhundert geschafft, Gott und Darwin auf verständliche und verträgliche Weise zu versöhnen, denn als der große Forscher neben Newton in der Westminster-Abtei beerdigt wurde, verkündete der zuständige Erzbischof, worin Darwins Leistung aus kirchlicher Sicht zu sehen sei. Darwin habe nämlich gezeigt, dass Gott nicht einfach die Dinge und Organismen gemacht habe und dann nichts weiter geschehen sei. Gott habe die Dinge und Lebewesen vielmehr so gemacht, wie Darwin bemerkt habe, dass sie sich selbst machen können, und zwar immer anders, wenn sie auf Umwelten treffen, in denen sich etwas geändert hat – das Klima oder die Ressourcen zum Beispiel. Ein versöhnlicher Gedanke, nur behagt er leider Darwins Gegnern auch nicht.

Darwins Einsicht

Es ist möglich, das umfassende Konzept der Evolution durch wenige Beobachtungen und einige dazugehörende Schlussfolgerungen zusammenfassend darzustellen. Ich empfehle, sich im Anschluss daran zu überlegen, warum viele Menschen damit nicht leben wollen.

Die erste Beobachtung betrifft die Fruchtbarkeit der Arten. Darwin bemerkte zunächst in seiner Jugend in England und später bei seinen Erkundungen in aller Welt, dass die Natur verschwenderisch vorgeht und ihre Geschöpfe äußerst fruchtbar macht (was einem Zeitgenossen des Viktorianischen Zeitalters vielleicht als befremdlich aufstieß). Wenn alle Individuen, die in einer Population (einer biologischen Gemeinschaft) zusammenleben, sich in aller Freizügigkeit vermehren würden, so stellte er fest, dann könnte ihre Zahl über alle Maßen zunehmen. Doch – und damit ergibt sich die zweite Beobachtung – dies passiert im Normalfall nicht, denn abgesehen von saisonalen Schwankungen bleiben Gruppen oder Populationen von Lebewesen stabil, wie sich leicht nachprüfen lässt, und das heißt: Die Zahl ihrer Mitglieder hält sich konstant.

Mit der dritten Beobachtung, dass die natürlichen Ressourcen in jeder Umgebung begrenzt sind und mit ihr in einem überschaubaren Zeitraum stabil bleiben, kann nun die erste Schlussfolgerung gezogen werden. Sie lautet:

Unter den Individuen einer Population muss es Auseinandersetzungen um die Lebensgrundlagen geben. Dieser Wettkampf gehört für Darwin zum täglichen Ringen um das Überleben. Er liefert die Begründung für den immer wieder bemühten »Kampf ums Dasein«, den »struggle for life«, mit dem jedes Tier und jede Pflanze beschäftigt ist (ohne dabei automatisch gewalttätig zu werden).

Von den Individuen, die sich mit und in diesem natürlichen »Lebenskampf« abmühen und innerhalb ihrer Lebensgemeinschaften mit oder/und gegeneinander agieren, sind keine zwei identisch, wie die vierte Beobachtung festhält, die dem sorgsam Protokoll führenden Darwin nicht entgangen ist. Innerhalb einer Population zeigen sich dem genauen Blick zwischen den Mitgliedern sogar zahlreiche Unterschiede, die Darwin als Variationen bezeichnete und in den Mittelpunkt seines Denkens rückte, ohne die Ursachen für ihr Auftreten zu kennen.

Dieser wichtige Punkt verdient eine kurze Anmerkung. Darwin lenkt seine Aufmerksamkeit damit nämlich weg von konstanten Erscheinungen der Natur hin zu den veränderlichen Größen, was voraussetzt, dass er erstens nicht nur ein Exemplar einer Art beobachtet, sondern viele, und dass er zweitens bei den vielen nach der Variation einer einzelnen Qualität Ausschau hält. Den gleichen Wechsel in der Perspektive vollzieht in etwa zur gleichen Zeit der Mönch Gregor Mendel, der dabei die Wissenschaft begründet, die heute »Genetik« heißt.

Mendel untersucht Erbsen. Ihn kümmern nicht die vielen Eigenschaften einer Pflanze, ihn beschäftigen umgekehrt einige wenige Eigenschaften von sehr vielen Pflanzen. Er prüft, wie sie auf nachfolgende Generationen übertragen werden, und kommt dabei zu Ergebnissen, mit deren Hilfe die Regelmäßigkeiten erkennbar werden, die eine Wissenschaft von der Vererbung ermöglichen.

Mit anderen Worten: Darwin und Mendel gehen statistisch vor. Sie entdecken, dass die lebendige Natur nur verstehen kann, wer sich an die Idee der Wahrscheinlichkeit gewöhnt. Viele Abläufe liegen nicht fest – sie sind nicht vollständig determiniert –, sie finden nur mehr oder weniger wahrscheinlich statt. Wer über die Evolution spricht, wird also keine sicheren Vorhersagen machen können, was eigentlich besser und beruhigend ist. Die Zukunft bleibt damit nämlich offen.

Wer Evolution verstehen will, muss über Variationen und ihre Wahrscheinlichkeiten nachdenken. Das war im frühen 19. Jahrhundert noch ungewohnt, als Darwin damit begann. Heute sollten wir allerdings daran gewöhnt sein.

Um sich mit den Variationen anzufreunden, lohnt der Hinweis auf die Musik, in der es oft Variationen zu einem Thema gibt – etwa die Variationen von Bach zu einem Thema von Goldberg. Auch die Natur kennt ihr Thema, das durch die Art und die Population vorgegeben ist. An ihnen nimmt sie verschiedene Variationen vor. Das von einem Thema Ausgedrückte – zum Beispiel »ein Pferd sein« oder »eine Rose sein« – bleibt dabei von Generation zu Generation erhalten und wird folglich vererbt.

An dieser Stelle kommt die fünfte und letzte Beobachtung ins Spiel, die konstatiert, dass auch Variationen erblich sein können, zumindest ein Teil von ihnen. Auf sie kommt es für die Evolution an. Mit ihnen kann die gesamte Ernte von Darwins Gedanken eingefahren werden. Denn nun lassen sich zwei weitere Folgerungen ziehen.

Da sich unter den verschiedenen Individuen nicht alle in gleicher Weise behaupten und es notwendigerweise zu einem Ausleseprozess kommt, lässt sich zunächst sagen, dass das Überleben von der erblichen Konstitution abhängig ist. Es kommt dabei – dies ist die dritte und letzte Schlussfolgerung – zu einer (natürlichen) Selektion von Variationen, die zum Wandel der Population führt.

Auf diese Weise können sich Lebewesen an ihre Umwelt (Nische) anpassen und eine neue Art aus einer Population hervorgehen. Das ist mit Evolution gemeint. Nicht mehr, aber auch nicht weniger.

Biopolitik

Darwin ging es in seinem Hauptwerk mit dem eben skizzierten Gedanken nicht um Gott und kaum um den Menschen. Als er seine Ideen über den Ursprung und die Anpassung der Arten zum ersten Mal 1859 in Buchform vorlegte, reichte ihm nach vielen Hundert Seiten ein kurzer Satz, um einen vorsichtigen Hinweis auf die Menschen zu geben: »Licht wird fallen auf den Ursprung des Menschen und seine Geschichte«, vermutete der britische Privatgelehrte, ohne zu ahnen, wie grell seine Zeitgenossen gerade diesen Randaspekt beleuchten würden. Dies zudem ausschließlich.

Man kann den Eindruck gewinnen, dass die wesentliche Folge von Darwins Idee einer Evolution des Lebens darin bestand, dass sich einige Menschen beleidigt fühlten. Wer wollte schon von Affen abstammen? Viele Zeitgenossen hofften, dass sich Darwins Vorschlag als falsch herausstellen würde. Sie überlegten aber schon einmal für alle Fälle, wie man bei einer nachfolgenden Bestätigung dafür sorgen könnte, dass niemand davon erfuhr.

Doch Darwins Ablösung einer statischen Welt im Diesseits, als unveränderlich geschaffen von einem jenseitigen Schöpfer, durch ein dynamisches Geschehen, in dem natürliche Mechanismen am Werk sind, die helfen, zwischen verschiedenen Varianten je nach Anpassung an die jeweilige Umwelt auszuwählen, konnte nicht in einer Zeit unter Verschluss gehalten werden, die im Gefolge der industriellen Revolution riesige gesellschaftliche Umwälzungen erfuhr und vorantreiben wollte.

Die 1860er-Jahre brachten viele demokratisch orientierte Sozialutopisten hervor, die in Darwins Lehre den von der Naturwissenschaft gelieferten Beweis für den kommenden sozialen Fortschritt sahen. So nahm die deutsche Arbeiterbewegung – personifiziert durch August Bebel – den Gedanken der Evolution äußerst positiv auf. Karl Marx sah in ihm die wissenschaftliche Bestätigung für die Unausweichlichkeit des Klassenkampfs (mit vorhersagbaren Siegern). Darwins Theorie liefert »die naturhistorische Grundlage für unsere Ansicht«, wie Marx bereits am 19. Dezember 1860 an Friedrich Engels schrieb.

Es gab aber auch Menschen, denen bei dem Konzept der Evolution angst und bange wurde. Der Gedanke erlaubte nämlich einen neuen Blick auf die sozialen Errungenschaften der Gesellschaft. Der zeigte, dass die Menschen sich damit von ihren natürlichen Wurzeln entfernten. Der Mechanismus der Selektion, der uns Darwin zufolge erst an die Welt angepasst und somit lebenstüchtig gemacht hatte, funktionierte in ihrer Ansicht in unseren Reihen schon lange nicht mehr, und zwar aus zwei Gründen:

Zum einen wurde das Überleben der Tüchtigen durch ein Mitschleppen der Untüchtigen – sprich: der Kranken und Behinderten – verwässert, und zum Zweiten zeugten die tüchtigen Menschen der höheren Stände – sprich: die Adligen und die Intellektuellen – weniger Nachwuchs als die niederen Stände.

Statt nun auf die Idee zu kommen, dass es aufgrund der angeführten Tatsachen vielleicht mit der Tüchtigkeit der angeblich Tüchtigen gar nicht so weit her ist, fingen einige Eiferer – ohne Kenntnis von Erbgesetzen – an, die genetische Verarmung zivilisierter Nationen zu beschwören und nach eugenischen Maßnahmen zu rufen. Darwins Gedanke verwandelte in dieser missverstandenen Form sinnvolle Sozialpolitik in brutale Biopolitik. Sie fand ihre schlimmsten Auswüchse im Dritten Reich, als die nationalsozialistischen Machthaber ihr Recht des Stärkeren mit tödlichen Folgen praktizierten, unter denen Millionen Opfer zu leiden hatten.

Landwirtschaft

Dass Darwins Gedanke nicht lange brauchte, um in der uns vertrauten humanen Lebenssphäre anzukommen, kann deshalb nicht verwundern, weil er dort herkommt. Darwin hatte sich, dank der auf einer Weltreise in den 1830er-Jahren gemachten Erfahrungen, zu der Vorstellung durchgerungen, dass Arten keineswegs für alle Ewigkeit unveränderlich geschaffen sind, sondern sich wandeln können. Er grübelte über einen Mechanismus nach, wie die Natur diese Form der Evolution bewerkstelligen könnte. Aus seinen Tagebüchern wissen wir, wann und wodurch ihm die entscheidende Idee gekommen ist:

»Im Oktober 1838 las ich zufällig zur Unterhaltung Malthus, über Bevölkerung, und da ich hinreichend darauf vorbereitet war, den überall stattfindenden Kampf um die Existenz zu würdigen *(struggle for existence)*, kam mir sofort der Gedanke, dass unter solchen Umständen günstige Abänderungen dazu neigen, erhalten zu werden, und ungünstige, zerstört zu werden. Das Resultat hiervon würde die Bildung neuer Arten sein. Hier hatte ich nun endlich eine Theorie, mit welcher ich arbeiten konnte.«

Der erwähnte Thomas Malthus hatte sich 1798 als Ökonom Gedanken über die Entwicklung der Bevölkerung gemacht und prognostiziert, dass die Zahl der Menschen rascher wächst als die Produktion der Nahrungsmittel, die zu ihrer Versorgung benötigt werden. Es lohnt sich, diese Ausgangslage an dieser Stelle vor allem deshalb zu erwähnen, weil die nachhaltigsten Folgen von Darwins Durchbruch darin bestanden, die von Malthus befürchtete Katastrophe zu verhindern.

Wer knappe Formulierungen liebt, könnte sagen: ohne Malthus zwar kein Darwin. Mit Darwin aber kein Malthus. Mit der Idee der Evolution konnte man im Bereich der Landwirtschaft die Methode der Züchtung auf eine effizientere wissenschaftliche Grundlage mit der Folge stellen, dass die verbesserten Ernteerträge alle malthusianischen Befürchtungen ad absurdum führten – wie im Übrigen in unseren Breiten und modernen Zeiten niemandem erzählt werden muss, in denen mehr vom Übergewicht zahlreicher Menschen und der Überproduktion und dem Wegwerfen von vielen Lebensmitteln als vom Gegenteil die Rede ist.

Menschwerdung

Unter diesem Aspekt ist es kein Wunder, dass naturwissenschaftlich orientierte und also fortschrittsgläubige Menschen das Erscheinen von Darwins Werk begrüßten. Es wird oft erzählt, dass dieser jubelnden Zustimmung die Abwehr der Kirche und ihrer Gläubigen gegenüberstand.

Das stimmt allerdings nicht ganz, da zumindest in England der Darwinismus und der Anglikanismus gut miteinander auskamen. Außer die öffentliche Debatte konzentrierte sich mehr auf den Streit, den der Bischof Samuel Wilberforce nach 1860 unnötig vom Zaun gebrochen hatte, als er einen Anhänger Darwins provozierend fragte, ob er väterlicher- oder mütterlicherseits vom Affen abstamme.

Natürlich lässt sich mit rhetorischen Raffinessen dieser Art viel Applaus ernten. Sie tragen aber nicht zu der Antwort auf die Frage bei, wie denn die Menschwerdung gelungen ist, wenn wir dafür keinen Schöpfer heranziehen wollen. Diese Frage bleibt uns nach wie vor aufgetragen, wobei jeder, der zu ihrer Antwort beitragen will, darlegen muss, was für ihn der Mensch ist.

Wer dabei als Biologe versucht, uns vom Affen her zu definieren, wird rasch finden, dass man dabei sehr vielen Details sehr viel Aufmerksamkeit schenken muss: der Behaarung, der Gesichtsform, der Gehirngröße, der Sprachfähigkeit, der Gangart und vielen Qualitäten mehr, die sicher nicht alle in einem einzigen Akt entstehen konnten.

Wer nach dem Menschen fragt, begibt sich auf ein seit Jahrtausenden beackertes philosophisches Terrain. Da macht sich jeder lächerlich, der kurze Antworten geben will. Hier ist kein Garten für Schlagworte, sondern ein steiniges Feld für Anstrengungen. Die Biologen versuchen, der natürlichen Auswahl, über die uns die Umwelt formt, eine sexuelle Selektion an die Seite zu stellen, bei der Geschlechtspartner die Wahl haben. Wir selbst beeinflussen unseren evolutionären Werdegang – hin zu mehr Menschlichkeit.

Es ergibt keinen Sinn, einen intelligenten Designer herbeizurufen, denn jeder Evolutionsbiologe kann diesem Wunschwesen sofort riesige Dummheiten nachweisen. Konrad Lorenz zufolge würde ein Student der Ingenieurwissenschaften, der den Bauplan des Menschen als Diplomarbeit vorlegt, hochkantig durchfallen. Unabhängig davon lohnt es sich, die Frage nach dem, was der Mensch sein kann, im wissenschaftlich abgesteckten Rahmen der Evolution immer wieder neu zu stellen.

Die wesentliche Folge von Darwins Idee besteht darin, dass wir in ihrem Licht mehr sehen als vorher. Wir wissen nur nicht so recht, ob uns immer und in jedem Fall gefällt, was sich da zeigt.

Darwins Gottesbezug

Als sich Darwin an die Niederschrift seiner evolutionären An- und Einsichten machte, begann er sein historisches Tun mit einer bemerkenswerten Notiz: »Mir ist, als gestehe ich einen Mord«, steht da zu lesen, und vermutlich meinte er damit, dass er von nun an keine Rücksicht mehr auf die religiösen Gefühle seiner frommen Frau nehmen wollte und konnte.

Während Darwin an dem Manuskript über den Ursprung der Arten arbeitete, fühlte er sich daher lange Zeit schlecht. Konnte er doch auch beim besten Willen keine Spuren eines Gottes in der beobachteten Natur finden. Darwin kam sich mehr »wie ein Kaplan des Teufels« vor. Nur in dieser Rolle traute er sich zu, ein eindrucksvolles Buch »über das plumpe, verschwenderische, stümperhaft niedrige und entsetzlich grausame Wirken der Natur« zu schreiben, in der er keinen gütigen Gott am Werk sehen konnte.

Wer die Natur ohne religiöse Brille anschaute und sich in ihren grausamen Gesetzen mit Töten und Fressen auskannte, konnte keinen friedfertigen Glauben finden und keinen liebevollen Gott verehren, wie es Darwin schien. Er hatte darüber hinaus auch andere, persönliche Probleme mit der Güte des Herrn. Gemeint ist das kurze und qualvoll verbrachte Leben seiner Lieblingstochter Annie, die schon in sehr jungen Jahren anfing, über Übelkeit und Schmerzen zu klagen und dann 1851 im Alter von nur zehn Jahren verstarb, ohne dass jemand

sie von ihren Leiden erlösen konnte. Von ihrem sinnlo-
sen Tod war Darwin derart erschüttert, dass er unfähig
war, an Annies Begräbnis teilzunehmen. Als er aus seiner Depression erwachte, sagte er sich endgültig vom
Christentum und dem dazugehörigen Glauben los. Diese
Religion hatte ihm überhaupt nichts mehr zu bieten, we
der natürliche Gewissheiten noch menschlichen Trost.

Was die natürlichen Gewissheiten angeht, so waren
ihm die christlich bedingten Beiträge dazu bereits auf
seiner Weltreise abhandengekommen, die Darwin 1831
als 22-Jähriger antrat und die fünf Jahre lang dauerte.
Historiker sind sich einig, dass diese Anschauung der
Erde und ihrer Vielfalt entscheidend für die evolutionäre
Weltanschauung war, die Darwin in den folgenden Jahrzehnten entwickelte und 1859 schließlich publizierte.

Es sei gestattet, an dieser Stelle an den Satz von Darwins Vorgänger als Weltreisender – Alexander von Hum-
boldt – zu erinnern, der einmal formuliert hat, dass es
nichts Gefährlicheres gebe als die Weltanschauung von
Leuten, die die Welt nie angeschaut haben.

Zu der sinnlichen Erkundung der lebendigen Erde
trat bei Darwin noch eine tiefe Unzufriedenheit über die
Behauptungen der Naturtheologen, die es damals gab.
Sie behaupteten unter anderem, das genaue Datum zu
kennen, an dem Gott die Welt mit all ihren Geschöpfen
geschaffen habe, und zwar am 23. Oktober 4004 vor
Christi Geburt um neun Uhr vormittags. So genau wollte
man mit Gottes Hilfe sein, so genau wollte Darwin es als
Naturforscher auch wissen, nur merkte er, dass mit solch
einem Anspruch auf Präzision zugleich etwas verloren

ging, nämlich der Platz für den Glauben und der Raum für den Schöpfer.

Eine Uhrzeit glaubt man nicht, man prüft sie gewissenhaft nach. Am Ende seiner Reise ahnte Darwin, dass er die Schiffsbibel, in die jemand den Zeitpunkt der Schöpfung eingetragen hatte, nicht nur über Bord werfen konnte, sondern auch musste. Zu dieser Zeit begannen dann übrigens seine Magenbeschwerden, und seit seiner Rückkehr von der Weltreise blieb Darwin ständigen körperlichen Qualen ausgesetzt.

Das Geheimnis der Geheimnisse

Die Entstehung neuer Arten stellte für Darwin »das Geheimnis der Geheimnisse« dar, und die Biologen oder Evolutionsforscher, die sich nach ihm darum gekümmert haben, konnten ihrem Meister lange Zeit hindurch nur zustimmen, vor allem, weil der Prozess sich einer direkten Beobachtung entzog und entzieht. Inzwischen ist es der Wissenschaft zum Glück gelungen, Lebensbedingungen und Umstände zu finden, unter denen sich die Entstehung neuer Arten sehr viel häufiger und nachweisbarer vollzieht, als sich die Experten jemals haben träumen lassen.

Eine Bühne des Schauspiels findet sich in Ostafrika, genauer in den großen Seen, die es dort gibt, dem Malawisee, dem Tanganjikasee und dem Viktoriasee, um nur die größten zu nennen. In diesen riesigen Binnengewässern tummelt sich eine Unmenge von Buntbarschen, die unter Forschern auch »Cichliden« heißen (mit dem »C« gesprochen wie früher in Caesar). Selbst auf den ersten Blick fallen Ähnlichkeiten zwischen den Buntbarschen etwa aus dem Tanganjika- und dem Malawisee auf, wobei sich die untersuchten Exemplare nachweislich unabhängig voneinander entwickelt haben, jedes in seiner ökologischen Nische.

Die Wissenschaft kennt inzwischen viele Tausend Buntbarscharten. Sie schreibt diesen Fischen »den Weltrekord in Sachen Vielfalt und Evolutionsgeschwindigkeit« zu, wie es der Evolutionsbiologe Axel Meyer formuliert hat, der mit den Cichliden ein altes Paradigma der Biologie umstoßen konnte. Während es früher (vor dem massiven Eindringen der Genetik in die Evolutionsbiologie) als sicher galt, dass eine geografische oder andere unüberwindbare Barriere für die Entstehung neuer Arten notwendig sei – das von Ernst Mayr dafür geprägte Fachwort heißt »allopatrische Speziation« –, weiß man inzwischen, dass Darwins Geheimnis auch gelingt, wenn sich die Verbreitungsgebiete der Organismen überlappen (»sympatrische Speziation«). Den Cichliden gelingt es im engen Neben- und Miteinander, sich rasch in neue Arten aufzuspalten, um jede ökologische Nische passend zu besiedeln, ein Vorgang, der als »adaptive Radiation« bekannt ist (und von vielen Arten praktiziert wird).

Die Buntbarsche helfen der Wissenschaft nicht nur, solche Probleme zu lösen (womit sie dem Geheimnis wie immer eine neue spannende Dimension geben, ohne es zu lüften). Die Cichliden liefern zudem ein Modellsystem, um andere Fragen zum biologischen Werden so zu stellen, dass sie mit Messmethoden beantwortet werden können. Warum gibt es überhaupt so viele Buntbarscharten? Und wie erreichen sie ihren evolutionären Erfolg?

Die Evolution des Religiösen

Auch wenn Darwin sicher sehr von den Buntbarschen und den mit ihnen gewonnenen Einsichten angetan gewesen wäre, so gilt festzuhalten, dass der britische Naturforscher unter dieser Entdeckung mehr gelitten als sich über sie gefreut hätte.

Mit seinen Gedanken betrat zudem eine neue Denkweise die Bühne der Wissenschaft. Sie vertrieb die Menschen aus dem Paradies der Trägheit, in dem man keine Überlegungen über das Wirken der Natur und ihrer Gesetze anstellte und stattdessen alles den Göttern oder einem Gott überließ. Der oder die würden es schon richten.

Mit der Erwähnung des Göttlichen taucht im Kontext der Evolution natürlich die Frage auf, wie die religiösen Überzeugungen von Menschen entstanden sein können. Wer sich um eine Antwort bemüht, wird zunächst mit einer kaum zu überblickenden religiösen Vielfalt und Komplexität konfrontiert. Was zunächst wie eine schlechte Nachricht klingt, denn niemand wird – jedenfalls nicht bei dem aktuellen Stand der Forschung – ernsthaft behaupten, etwa das Erscheinen von Jesus Christus und das Herauslösen der christlichen Religion aus dem Judentum in all seinen Details auf einen evolutionären Selektionsdruck zurückführen zu können.

Doch in der globalen Verbreitung religiöser Überzeugungen und Praktiken steckt auch eine gute Nachricht, nämlich die, dass es sich bei Religiosität um eine »transkulturelle Universalie« handelt, die etwa der Sprachfähigkeit verwandt ist. Evolutionsbiologen wissen längst, dass es eine genetische – also evolutionär bedingte – Komponente der Sprache gibt, wobei der zufällige Ort unserer Geburt darüber entscheidet, welche Einzelsprache wir lernen und übernehmen. Ebenso entscheidet der zufällige Ort meines Heranwachsens, welche konkrete Glaubensrichtung von mir vertreten wird, aber das ändert nichts daran, dass die Fähigkeit zum Gedanken an einen Gott in mir angelegt ist – und zwar von der Evolution, wie seit Darwin verstanden werden kann.

Diese Überzeugung wird durch das eingangs erläuterte Konzept der »Achsenzeit« verstärkt, mit dem erkannt wurde, dass es nicht nur in aller Welt – bei allen Menschen – Religion gibt, sondern dass die dazugehörige geistige Fähigkeit zur Transzendenz – also zu der Vorstellung, dass es eine zweite, jenseitige, göttliche Wirklichkeit wirklich und wirksam gibt – überall etwa zu der gleichen Zeit entstanden ist.

Für einen Evolutionsbiologen sieht das ganz so aus, als ob sich während der Achsenzeit *ein Ensemble* von Varianten in das menschliche Erbgut einnisten konnte, das für die glaubensfähigen Strukturen im menschlichen Gehirn sorgt. Konsequenterweise müsste nach ihm geforscht werden. An dieser Stelle gibt es jedoch mehr

Einwand als Aufwand. Es gilt, vorsichtiger zu argumentieren, was konkret heißt, weniger genetisch und mehr soziobiologisch vorzugehen. Dabei kann man den Vorteil nutzen, dass unterschiedliche Religionen eine gemeinsame Tiefenstruktur aufweisen.

»Die interkulturelle Ähnlichkeit religiöser Phänomene auf der ganzen Welt ist unverkennbar«, wie der Schweizer Philologe Walter Burkert in seinem Buch *Kulte des Altertums* schreibt, in dem er ausführlich und einprägsam zugleich »die biologischen Grundlagen der Religion« darstellt. Zu den Grundformen religiösen Verhaltens gehört die Opferbereitschaft von Menschen, die in Not geraten sind. Burkert stellt sie an dem Erlebnis einer Bootsfahrt dar. Als ein heftiger Sturm die Passagiere um ihr Leben fürchten ließ, griff einer von ihnen – ein in seinem zivilisierten Heimatland hochgestellter und durchweg rational handelnder Mann – zu dem Mittel, Dollarnoten in die aufgewühlte See zu werfen.

Wer den selektiven Ausgangspunkt religiös motivierter Praktiken analysieren will, hat viele Aufgaben vor sich. Er muss das Beten – den Sprachkontakt zu dem höheren Wesen –, das Tieropfer, die Darbringung von Gaben, die Rituale der Taufe und des Abendmahls und noch viel mehr erklären, was hier nicht geleistet werden kann. Es gehört aber zu den bekannten Tatsachen, dass zum einen »religiös zusammengehaltene Lebensgemeinschaften eine signifikant längere Halbwertszeit hatten als säkular motivierte Siedlungen, etwa von Anarchisten«, wie Eckart Voland in seinem Buch *Die Natur der Menschen* berichtet. Was den Schluss zulässt, dass Glaube sozial zumindest konkurrenzfähig macht. Es lässt sich zudem auf den bekannten und vielfach belegten Satz des Wirtschaftsnobelpreisträgers Friedrich August von Hayek verweisen, dem zufolge »Religion überlebt, weil sie Kinder zeugt, nicht weil sie wahr ist«.

Und zum Dritten wird in diesem Rahmen verständlich, warum ein zentraler Aspekt aller Religionen, nämlich die Verehrung eines Gottes, der als ein absichtsvoll handelndes Wesen verstanden wird, einen Vorteil für die dementsprechend Gläubigen mit sich bringen konnte.

Ein moderner Biologe erblickt darin einen Ausfluss des dem menschlichen Gehirn innewohnenden Bedürfnisses, Geschichten zu erzählen. Wir Menschen fabulieren gerne und erfinden Zusammenhänge, wo es keine gibt – einmal, um unser Erinnerungsvermögen zu verbessern, und vor allem, um Unsicherheiten abzubauen. Unsereiner hat ein evolutionär verständliches Bedürfnis nach kognitiver Gewissheit. Es diente vermutlich dem Überleben, wenn man alles, was passierte, direkt einem Verursacher zuschob – das Rauschen von Blättern etwa einem Feind oder einem Raubtier – und konkret nach ihm Ausschau hielt, statt nach eher abstrakten physikalischen Gründen zu suchen. Menschen haben sich dabei angewöhnt, final zu denken. Wenn sie heranwachsen, können sie das immer noch am besten. Unsere Kinder fragen nicht, wie sich Wolken bewegen. Sie wollen vielmehr wissen, wer dies tut und mit welchem Ziel. Als Erwachsene machen manche Menschen gerne so weiter.

Bleibt allerdings zu fragen, wie der dabei entstandene Gott von der Aufgabe befreit werden konnte, für jeden einzelnen Schritt der Evolution verantwortlich zu sein. Ein schönes Geheimnis, über das nachzusinnen sich lohnt. Vielleicht schaut jemand dabei von oben zu.

PLANCKS QUANTEN

Max Planck (1858–1947) gehört zu den Menschen, vor denen man sich verneigen sollte. Sein Name ist durch das »Planck'sche Quantum der Wirkung« unsterblich geworden. Der Volksmund hat daraus inzwischen die Quantensprünge gemacht, mit denen sich progressiv fühlende Menschen abmühen.

Neben seiner Profession als Physiker war Planck auch vorbildlich als Wissenschaftspolitiker. Sein Name wird durch die (seit 1948) nach ihm benannte Gesellschaft zur Förderung der Wissenschaften in aller Welt verbreitet. Redlich engagiert war er darüber hinaus als Philosoph, wobei sein Name hier das stete Bemühen um ein einheitliches wissenschaftliches Weltbild repräsentiert, dessen Grenzen ihm so selbstverständlich waren wie die Qualität seiner Wissenschaft.

Die Biografie

Plancks Leben findet zur einen Hälfte im 19. und zur anderen Hälfte im 20. Jahrhundert statt. Der am 23. April 1858 in Kiel geborene und in München aufgewachsene Planck ist zunächst vor allem mit dem Studium der Physik beschäftigt, obwohl ihm einer seiner Lehrer 1874 den immer wieder zitierten Rat gibt, das Fach zu meiden, da »grundsätzlich Neues darin kaum mehr zu leisten sein wird«.

Im Alter von 21 Jahren promoviert Planck mit einer Arbeit über *den 2. Hauptsatz der mechanischen Wärmelehre*, der seine Bedeutung schon vor dieser Veröffentlichung durch den großen Wiener Physiker Ludwig Boltzmann bekommen hat. 1885 übernimmt Planck eine Professur für Physik in Kiel, bevor die Universität Berlin ihn 1889 in die Hauptstadt ruft. Hier wird er lange bleiben und Karriere machen, erst als Physiker und dann als Organisator der Wissenschaft.

Berühmt werden seine *Vorlesungen zur Thermodynamik*, die 1897 erscheinen und viele Auflagen erleben. 1918 erhält Planck den Nobelpreis für Physik, und zehn Jahre später – zu seinem 70. Geburtstag – stiftet die deutsche Wissenschaft die Max-Planck-Medaille, die er selbst als Erster entgegennehmen darf.

In diesem Alter publiziert Planck mehr philosophisch orientierte Texte wie die *Wege zur physikalischen Erkenntnis*. Auch engagiert er sich immer stärker als Wissenschaftspolitiker – etwa als ständiger Sekretär der

»Preußischen Akademie der Wissenschaften«. 1930 wird
er – im Alter von 72 Jahren – Präsident der Kaiser-Wilhelm-Gesellschaft, der er als aktiver Forscher nie ange-
hört hat, die aber trotzdem ein Jahr nach seinem Tode
am 10. April 1947 seinen Namen bekommt und seitdem
als »Max-Planck-Gesellschaft« Geschichte schreibt.

Tiefe Überzeugung und tiefes Leid

Planck verband Physik mit religiös klingenden Worten
wie »Suche nach dem Absoluten«. Er glaubte, dass diese Wissenschaft Gesetze hervorbringe, die unabhängig
vom Menschen absolute Gültigkeit besäßen. Als Student
nahm er unter dieser Vorgabe das Prinzip von der Erhaltung der Energie »wie eine Heilsbotschaft« in sich auf.
Das Bemühen um solche Zusammenhänge erschien ihm
als »die schönste wissenschaftliche Aufgabe«, wobei es
für ihn selbstverständlich war, dass man dabei nie an ein
Ende kommen würde.

Es beherrschte ihn aber doch die Sehnsucht nach
dem Suchen der natürlichen Ordnung, »die das schönste
Glück des denkenden Menschen bedeutete« und ihm das
Bewusstsein und zugleich die Möglichkeit verlieh, »das
Erforschliche erforscht zu haben und das Unerforschli-
che ruhig zu verehren«.

Mit diesen Worten zitierte Planck Goethe, dem er
sich sowohl gedanklich wie stilistisch verbunden fühlte.
Plancks Aufsätze, die sich mit Themen wie *Wissenschaft
und Glaube* oder *Kausalität und Willensfreiheit* befass-

ten, machen unübersehbar das klassische humanistische Erbe deutlich, das er mit all seiner Kraft vertreten wollte. Plancks Philosophie reicht auf diese Weise weit in die europäische Geistesgeschichte zurück, dringt aber mit seinem wissenschaftlichen und persönlichen Leben auch weit mit ihr nach vorn, wobei es zur Tragik seiner Biografie gehört, dass sein Land weitgehend in Trümmern liegt und die dazugehörige Kultur umfassend vernichtet worden ist, als er im Alter von fast 90 Jahren in Göttingen stirbt.

Die für den Ruin zuständigen Politiker konnte der sonst eher zurückhaltend formulierende Planck nur als »Mörderbande«, »Lumpen« und »infame Dunkelmänner« bezeichnen. Sie hatten ihm noch im Januar 1945 unsägliches Leid zugefügt, als sie seinen Sohn Erwin ermordeten, weil er zu den Widerstandskämpfern um Stauffenberg gehört hatte. Plancks Sohn ging es dabei darum, Pläne für den Aufbau eines Rechtsstaats auszuarbeiten, der nach der nationalsozialistischen Terrorherrschaft auf deutschem Boden errichtet werden sollte.

Mit Erwins Hinrichtung verlor Planck das vierte Kind zu seinen Lebzeiten. Sein erster Sohn war bereits im Ersten Weltkrieg gefallen. Seine geliebten Zwillingstöchter sind beide zwischen 1917 und 1919 im Kindbett gestorben.

Wie hält jemand solch ein Schicksal aus? Wer diese Frage beantworten will, wird bei Planck eher die Musik in ihrer Herrlichkeit als den Glauben an einen Gott in seiner Güte finden, aber vor allem den Hinweis geben müssen, dass er seine eigene Person stets hinter übergeordneten Ideen zurücktreten ließ. Für Planck gehörte das, was man oft hochnäsig bis abwertend als »preußisches Pflichtgefühl« bezeichnet, zu den bürgerlichen Selbstverständlichkeiten. Darum bemühte er sich bis zur Verleugnung der eigenen Person.

»In den vierzig Jahren, die ich Planck gekannt habe und in denen er mir allmählich sein Vertrauen und seine Freundschaft geschenkt hat, habe ich immer mit Bewunderung festgestellt, dass er nie etwas getan oder nicht getan hat, weil es ihm selbst nützlich oder schädlich sein könnte.«

So hat Lise Meitner diese Qualität ihres Lehrers einmal beschrieben. Dabei stand die Verbindung zwischen beiden zunächst unter einem eher unglücklichen Stern, nachdem Planck sich früh im 20. Jahrhundert skeptisch gegenüber dem Frauenstudium ausgesprochen hatte. 1912 stellte er Lise Meitner jedoch als Assistentin ein, weil er begriff, welche schöpferische Kraft in ihr zum Ausdruck kam. Planck half ihr nun, wo er konnte, wie er sich überhaupt für andere einsetzte, wenn er deren Talent erkannt hatte.

Dazu gehörte auch Albert Einstein, der bis 1905 als völlig unbekannter Angestellter in Bern auf dem Patentamt arbeitete. Selbst nachdem er seine ersten Arbeiten zur Relativitäts- und Quantentheorie publiziert hatte, blieb Einstein ein obskurer Name im Reich der Physik. Erst Planck hat ihn für die Wissenschaft entdeckt und nach Berlin geholt.

Allerdings – Einstein beurteilte seinen Förderer Planck bei aller Dankbarkeit eher als stur. Der liberale Einstein verstand Plancks konservative Grundhaltung nicht, die ihm weniger demokratisch und mehr aristokratisch zu sein schien.

Tatsächlich stand Planck dem allgemeinen Wahlrecht (das es im Kaiserreich in Deutschland noch nicht gegeben hatte) skeptisch gegenüber, denn er sah nicht, wie ein Volk genügend Kenntnisse und Bildung erwerben konnte, um politische Fragen auf der Basis der Vernunft entscheiden zu können.

Die Farben der schwarzen Körper

Es wird Zeit, sich der Physik zuzuwenden, die Planck zu Anfang des 20. Jahrhunderts zum Revolutionär wider Willen machte, obwohl das Problem, mit dem er sich befasste, harmlos aussah. Es ging um die Strahlung, die ein schwarzer Körper aussendet, dessen Temperatur erhöht wird.

Wie jeder weiß, wird zum Beispiel ein Stück Stahl bei Erhitzung erst rot, dann gelb und zuletzt weiß glühend. Die Frage an die Wissenschaft lautete nun, wie das Auftreten dieser Farben erklärt werden könne. Der Ausdruck »schwarzer Körper« meint dabei im Vokabular der Physik einen Gegenstand, der kein Licht reflektiert und dessen Farben sich allein aus seiner eigenen Beschaffenheit herleiten.

Planck war überzeugt, dass hier ein universelles physikalisches Gesetz seine Wirkung zeige. Im Jahre 1900 gelang es ihm, bereits vorhandene Ansätze zu einer

Einheit zu verbinden. Allerdings musste er dafür einen Preis zahlen. Er musste der Natur erlauben, Sprünge zu machen. Planck führte die Idee ein, dass die Energie, die Atome als Licht abgeben, nicht als kontinuierlicher Strom, sondern in Form von diskreten Einheiten fließt. Planck führt also eine Unstetigkeit (Lücke) in die Beschreibung der Natur ein, die als »Planck'sches Quantum der Wirkung« bekannt ist (und auch für große Kenner der Wissenschaft eher ein Geheimnis als eine Offenbarung darstellt).

Solche Quantensprünge brachten der Physik Erfolge. Planck konnte sich damit aber nicht abfinden, da sie ohne erkennbare Ursache stattfinden konnten und sich kaum um die Konstanz der Energie zu kümmern schienen, die von ihm in jungen Jahren doch als »Heilsbotschaft« verstanden worden war. Planck litt darunter. Er hoffte, dass sein Quantum wieder aus der Physik verschwinden könnte.

Als in der Mitte der 20er-Jahre aber das Gegenteil eintrat und eine neue Mechanik zustande kam, in deren Zentrum seine Entdeckung stand, resignierte er. Er formulierte sein Unverständnis in einer Weise, dass man geneigt sein könnte, von Plancks Prinzip der Wissenschaftsgeschichte zu sprechen:

»Eine neue wissenschaftliche Wahrheit pflegt sich nicht in der Weise durchzusetzen, dass ihre Gegner überzeugt werden und sich als belehrt erklären, sondern vielmehr dadurch, dass die Gegner allmählich aussterben und dass die heranwachsende Generation von vornherein mit der Wahrheit vertraut gemacht ist.«

Planck und die Feinde
der Wissenschaft

Er ging auf die 70 zu, als er aufhörte, sich an den Entwicklungen der neuen Physik zu beteiligen. Planck hatte schon lange anderes zu erledigen. Man brauchte ihn nach dem Ersten Weltkrieg, um die deutsche Forschung wieder in die internationale Gemeinschaft der Wissenschaftler zurückzuführen. Es wurde von ihm erwartet, dass er Gelder für die 1920 ins Leben gerufene Notgemeinschaft der deutschen Wissenschaft sammelte und fair sowie zukunftsweisend zugleich verteilte.

Planck diente seinem Land, wie man es von ihm erwarten konnte. Seine exponierte Stellung verlangte oftmals deutliche Stellungnahmen, wobei vor allem seine deutliche Warnung vor dem »spirituellen Element«, wie er es nannte, auffällt. Er hielt Autoren wie Oswald Spengler und Rudolf Steiner für »Feinde der Wissenschaft«, die er als seine geistigen Gegner betrachtete, weil sie die Schwierigkeiten der Gesellschaft – von ihnen »Krankheiten« genannt – auf die Hinwendung zu technischen Entwicklungen und die Abkehr von spirituellen Praktiken zurückführten.

In solchen Verkündigungen sah Planck ebensolche Gefahren für die abendländische Kultur wie im aufkommenden Nationalsozialismus. In diesem Fall hoffte er zuerst, die ganze Bewegung unter Hitler sei nur ein Spuk, der rasch verfliegen würde. Doch spätestens im Mai 1933 merkte er, dass konkret etwas geschehen müsse.

Er bat als Präsident der Kaiser-Wilhelm-Gesellschaft um ein Gespräch mit Hitler, dem Reichskanzler, um ihn auf die Tatsache aufmerksam zu machen, dass die von den Nazis erzwungene Emigration der Menschen jüdischen Glaubens die Wissenschaft in Deutschland ruinieren würde. Bei diesem Gespräch muss Planck eine Ahnung von dem Ungeist bekommen haben, der in Deutschland nun an der Macht war.

In dieser Tragödie blieb er aufrecht und hoffte bis zuletzt, dass »die wertvollen Schätze ästhetischer und ethischer Art«, die von der Wissenschaft zutage gefördert würden, mehr Einfluss auf die Geschichte der Menschen hätten als einzelne Verbrecher. Planck hat selbst dazu am meisten beigetragen.

Religion und Naturwissenschaft

Zu den Besonderheiten von Plancks Präsidentschaft zählt auch eine Initiative seiner Generalverwaltung, die bereits vor der nationalsozialistischen Machtergreifung eine gezielte Ostpolitik betrieb und zum Beispiel ein in Danzig angesiedeltes Observatorium übernahm und als meteorologisches Institut fortführte. Das Ziel bestand darin, wie Planck erklärte, »das Deutschtum in Danzig zu stärken«.

Vom Sommer 1934 an bemühte sich ein Teil der Generalverwaltung darum, mit Lettland und Estland Kontakt aufzunehmen, weil man der Meinung war, dass auf diesem Wege »dem Deutschtum in den baltischen Ländern sehr geholfen werden könne«, wobei zu bedenken ist, dass die diplomatischen Beziehungen zwischen Deutschland und den genannten Staaten damals ausgesprochen angespannt waren. Der Gelehrtenaustausch kam tatsächlich zustande. 1937 war es Planck selbst, der als bald 80-Jähriger nach Estland und Lettland reiste, um dort in Riga, Tallinn und in anderen Städten Vorträge zu halten, von denen besonders einer beeindruckte, der in diesem Zusammenhang von Bedeutung ist. Er handelt von *Religion und Naturwissenschaft.*

Planck weiß natürlich – und er erinnert seine Zuhörer auch daran –, dass früher große Naturforscher keine Probleme darin sahen, Wissen und Glauben zu verbinden. Sie hatten sogar die Vermehrung des Wissens – wörtlich – als »Gottesdienst« aufgefasst. Dabei kann es natürlich passieren, dass das, was wir naiv glauben – etwa dass Gott Wunder wirken kann –, im Widerspruch zu dem gerät, was wir im wissenschaftlichen Tun unter der Voraussetzung erkunden, dass alles mit rechten Dingen nach den Gesetzen von Ursache und Wirkung abläuft. Planck stellt direkt und deutlich die schwierige Frage, ob »ein naturwissenschaftlich Gebildeter zugleich auch echt religiös sein kann«. Dabei analysiert er erstens die »Merkmale echter Religiosität« und zweitens »die Art der Gesetze, die uns die Naturwissenschaft lehrt«.

»Religion ist die Bindung des Menschen an Gott«, wie er ausführt, wobei der Gott selbst unfassbar bleibt und dessen Heiligkeit wir deshalb mit Symbolen erfassen. Gott findet sich für den religiösen Menschen keineswegs nur in diesen Symbolen bzw. im Geist der Menschen. Er existierte vielmehr bereits, »ehe es überhaupt Menschen auf der Erde gab«, sodass er »von Ewigkeit her die ganze Welt, Gläubige und Ungläubige, in seiner allmächtigen Hand hält«.

Im Rahmen der Wissenschaft lassen sich auch »unantastbare Wahrheiten« ausmachen, wie Planck betont, um sogleich von diesem hohen Standpunkt herabzusteigen und bescheiden auf die »kleinen Zahlen« seiner Physik hinzuweisen, die er als universelle Konstanten bezeichnet. Ganz sicher denkt Planck dabei speziell an sein Wirkungsquantum, das er aber nicht gezielt anspricht.

Stattdessen fährt er allgemein mit der Bemerkung fort, dass »die Existenz dieser Konstanten ein greifbarer Beweis für das Vorhandensein einer Realität in der Natur [ist], unabhängig von jeder menschlichen Messung«.

Planck bezeichnet es als etwas Wunderbares – nicht als Wunder –, »dass wir, winzige Geschöpfe auf einem beliebig winzigen Planeten, imstande sind, mit unseren Gedanken [...] das Vorhandensein und die Größe der elementaren Bausteine der ganzen großen Welt zu erkennen«. Er geht sogar noch weiter. Er stellt als »unbezweifelbares Ergebnis der physikalischen Forschung« die Einsicht vor, dass die genannten elementaren Bausteine des Weltgebäudes »nach einem einzigen Plan aneinandergefügt sind«, sodass – mit anderen Worten – »in allen Vorgängen der Natur eine universale, uns bis zu einem gewissen Grad erkennbare Gesetzlichkeit herrscht«.

Um dies zu demonstrieren, erläutert er zuerst das Prinzip von der Erhaltung der Energie, um danach »ein viel umfassenderes Gesetz« vorzustellen, »welches die

Eigentümlichkeit hat, dass es auf jedwede den Verlauf eines Naturvorganges betreffende sinnvolle Frage eine eindeutige Antwort gibt«. Dieses Gesetz besitzt nicht nur genaue Gültigkeit »auch in der allerneuesten Physik«. Es erweckt darüber hinaus den Eindruck, »als ob die Natur von einem vernünftigen, zweckbewussten Willen regiert würde«, etwas, das sich Planck nicht scheut, nicht mehr nur als wunderbar, sondern »als das allergrößte Wunder« anzusehen.

Gemeint ist das bereits seit vielen Jahrhunderten bekannte »Prinzip der kleinsten Wirkung, nach welchem später auch das elementare Wirkungsquantum seinen Namen bekommen hat«, wie er hinzufügt, ohne seinen Namen dabei als Urheber oder Entdecker zu erwähnen.

Das Prinzip der kleinsten Wirkung besagt zum Beispiel für Lichtstrahlen, dass sie von allen möglichen Wegen den wählen und durchlaufen, der sie am schnellsten – mit dem geringsten Aufwand – zum Ziel führt, was Planck zu der Bemerkung veranlasst:

»Die Photonen, welche den Lichtstrahl bilden, verhalten sich also wie vernünftige Wesen.«

Tatsächlich wird durch das Prinzip der kleinsten Wirkung die klassische Kausalität der Physik durch eine »Causa finalis« ergänzt, die angestrebte Ziele mit berücksichtigt. Daraus schließt Planck: »Die exakte Naturwissenschaft lehrt«, dass die Gesetzlichkeit in dem Bereich, in dem wir uns auskennen, erstens »unabhängig ist von der Existenz einer denkenden Menschheit« und zweitens eine Formulierung zulässt, »die einem zweckmäßigen Handeln entspricht.«

Damit fühlt er sich in der Lage, »die Weltordnung der Naturwissenschaft und den Gott der Religion miteinander zu identifizieren«. Denn nach den vorhergehenden Überlegungen »ist die Gottheit, die der religiöse Mensch mit seinen anschaulichen Symbolen sich nahezubringen sucht, wesensgleich mit der naturgesetzlichen Macht, von der dem forschenden Menschen die Sinnesempfindungen bis zu einem gewissen Grade Kunde geben«. Der Unterschied besteht darin, dass für den religiösen Menschen Gott unmittelbar gegeben ist, während der naturwissenschaftlich orientierte Mensch erst zu seinen Gesetzen finden muss. Für den einen steht daher Gott »am Anfang« und für den anderen »am Ende alles Denkens«. Religion und Naturwissenschaft – so schließt Planck seinen Vortrag im Baltikum 1937 – führen gemeinsam einen fortgesetzten Kampf »gegen Skeptizismus und gegen Aberglauben«, in dem sie nie erlahmen dürfen und in dem »das richtungsweisende Losungswort […] von jeher und in alle Zukunft« heißt: »Hin zu Gott!«

EINSTEINS WÜRFEL

Der Name von Albert Einstein (1879–1955) ist bekannt und vertraut, sein Leben und Werk so oft beschrieben worden, dass man leicht übersieht, wie gut er für sich selbst sprechen und formulieren kann. Hier einige Beispiele, die man fast beliebig erweitern könnte:

»Das Schönste, was wir erleben können, ist das Geheimnisvolle. Es ist das Grundgefühl, das an der Wiege von wahrer Wissenschaft und Kunst steht. Wer es nicht kennt und sich nicht mehr wundern, nicht mehr staunen kann, der ist sozusagen tot, und sein Auge ist erloschen« – aus dem Band *Mein Weltbild*.

»Das Denken um seiner selbst willen wie die Musik! Die Triebfeder wissenschaftlichen Denkens ist nicht ein äußeres Ziel, das man erstrebt, sondern die Freude am Denken an sich. Wenn ich kein Problem zum Nachdenken habe, dann leite ich mit Vorliebe mathematische und physikalische Sätze, die mir längst bekannt sind, wieder ab. Hier ist also gar kein *Ziel* da, sondern nur die Gelegenheit, um sich der angenehmen Tätigkeit des Denkens hinzugeben« – aus einem Brief vom 11. August 1918.

»Eines habe ich in meinem langen Leben gelernt, nämlich dass unsere ganze Wissenschaft, an den Dingen gemessen, von kindlicher Primitivität ist – und doch ist es das Köstlichste, was wir haben.« Allerdings gilt auch zu beachten: »Wenn man alles auf physikalische Gesetzmäßigkeiten zurückführen würde, wäre das eine Abbildung mit inadäquaten Mitteln, so, als ob man eine Beethoven-Symphonie als Luftdruckkurve darstellte.«

Und direkt zu dem Thema dieses Buchs der bereits zu Beginn zitierte Satz: »Wissenschaft ohne Religion ist lahm, Religion ohne Wissenschaft blind.«

Gott und Götter

Der Dichter Friedrich Dürrenmatt hat einmal den Verdacht geäußert, dass Einstein unter der Hand als Theologe tätig gewesen sei. Den Eindruck kann man durchaus bekommen, wenn man einmal nachzählt, wie oft Einstein sich über Gott und Götter geäußert hat. Den Grund für diese Ausflüge in religiöse Sphären hat er einmal so beschrieben:

»Was mich eigentlich interessiert, ist, ob Gott die Welt hätte anders machen können; das heißt, ob die Forderung der logischen Einfachheit überhaupt eine Freiheit lässt.«

Und bei anderer Gelegenheit hat er geäußert: »Ich möchte nichts als meine Ruhe haben und wissen, wie Gott die Welt erschaffen hat. Seine Gedanken sind es, die mich beschäftigen.«

Einstein vertrat explizit die Idee einer verständlichen Welt, in der Gott die Gesetze so versteckt hat, wie es Eltern mit Ostereiern im Garten machen. Und so, wie sie ihren Kindern beim Suchen zuschauen, betrachten die Götter wohlwollend und amüsiert ihre Menschenschar beim emsigen Forschen. Kein Wunder, dass Einstein der Meinung war, sich als Wissenschaftler ein Leben lang als Kind fühlen zu dürfen. Diese Freiheit nahm er sich. An eine andere glaubte er nicht.

Spinozas Gott

Persönlich hat Einstein nie an einem Gottesdienst teilgenommen, seinen Söhnen den Religionsunterricht verweigert und bis zu seinem Tode an seiner Konfessionslosigkeit festgehalten. Er hat immer betont, dass seine wissenschaftlichen Theorien mit jeder Form von Weltanschauung verträglich seien, auch wenn ihm dümmlich argumentierende Antisemiten dauernd etwas anderes unterstellen wollten und sich an einer deutschen Physik versuchten, die Einsteins Gedanken übersah oder ausschloss.

Am liebsten hätte Einstein Gott aus dem wissenschaftlichen Spiel herausgehalten. Die Verhältnisse ließen das aber nicht zu. Im Frühjahr 1929 hat zum Beispiel ein amerikanischer Kardinal seine Gemeinde vor dem Studium der Relativitätstheorie gewarnt, da sie Gott und die Schöpfung bezweifle und gottlose Gedanken in ihr stecken würden. Dies ist zwar blanker Unsinn, sorgte in der

Folge aber dafür, dass der Oberrabbiner von New York folgendes Telegramm an Einstein schickte: »Glauben Sie an Gott? Stopp. Bezahlte Antwort: 50 Worte.«

Einsteins Antwort ist berühmt geworden. Er telegrafierte folgenden Text, der mit weniger Worten auskam:

»Ich glaube an Spinozas Gott, der sich in der gesetzlichen Harmonie des Seienden offenbart, nicht an einen Gott, der sich mit den Schicksalen und Handlungen der Menschen abgibt.«

Mit diesem Bekenntnis versteht man auch, warum Einstein sich selbst zwar als religiös betrachtete, aber keine Notwendigkeit sah, sich einer Religionsgemeinschaft anzuschließen. Immerhin gibt es von ihm ein »Glaubensbekenntnis«, das er im Jahre 1932 auf eine Schallplatte gesprochen hat. Es endet mit folgenden Worten:

»Ich bin zwar im täglichen Leben ein typischer Einspänner, aber das Bewusstsein, der unsichtbaren Gemeinschaft derjenigen anzugehören, die nach Wahrheit, Schönheit und Gerechtigkeit streben, hat das Gefühl der Vereinsamung nie aufkommen lassen.

Das Schönste und Tiefste, was der Mensch erleben kann, ist das Gefühl des Geheimnisvollen. Es liegt der Religion sowie allem tieferen Streben in Kunst und Wissenschaft zugrunde. Wer dies nicht erlebt hat, erscheint mir, wenn nicht wie ein Toter, so doch wie ein Blinder. Zu empfinden, dass hinter dem Erlebbaren ein für unseren Geist Unerreichbares verborgen sei, dessen Schönheit und Erhabenheit uns nur mittelbar und in schwachem Widerschein erreicht, das ist Religiosität. In diesem Sinne bin ich religiös. Es ist mir genug, diese Geheimnisse staunend zu ahnen und zu versuchen, von der erhabenen Struktur des Seienden in Demut ein mattes Abbild geistig zu erfassen.«

Frühes und spätes Licht

Bei aller Liebe zu Gott, Einstein war vor allem als Physiker tätig und erfolgreich. Wer will, kann sein Leben und seine Leistung allein im Lichte von Licht und der dazugehörigen Theorie sehen und darstellen. Zum einen bestand eine frühe revolutionäre Tat in der 1905 publizierten Einsicht, dass die Frage nach der Natur des Lichts keine eindeutige Antwort kennt. Sie muss sowohl von Wellen als auch von Teilchen handeln, wenn man nicht nur die Ausbreitung von Strahlung, sondern auch das Zusammentreffen des Lichts mit Atomen erfassen will (für diese Einsicht in die Dualität hat er 1921 den Nobelpreis für Physik bekommen).

Zum anderen gelangte Einstein zu Weltruhm, als sich zeigte, dass der Weg eines Lichtstrahls auf seinem Weg an der Sonne vorbei exakt so durch das Zentralgestirn gekrümmt wird, wie er es zuvor in seiner allgemeinen Relativitätstheorie ausgerechnet hatte.

Ein dritter Gesichtspunkt steckt in einer weiteren Arbeit aus dem Jahre 1905, das als sein »Annus mirabilis«, als sein Wunderjahr, bekannt ist. Mit ihm ist die berühmte Formel $E = mc^2$ in die Welt gekommen, deren Kern Einstein einmal durch den Satz ausgedrückt hat: »Masse und Energie sind wesensgleich.« Wenn aber die Masse eines Körpers ein direktes Maß für die in ihm enthaltene Energie ist, dann heißt das in Einsteins Worten: »Das Licht überträgt Masse.«

Als ihm diese Einsicht gekommen ist, hat er sie mit den Worten kommentiert: »Die Überlegung ist lustig und bestechend; aber ob der Herrgott nicht darüber lacht und mich an der Nase herumgeführt hat, das kann ich nicht wissen.« Das Licht spielt später erneut eine Rolle in Einsteins Leben.

1929 stellen amerikanische Astronomen zu ihrer großen Überraschung fest, dass die Wellenlänge der von Sternen ausgehenden Strahlung zum roten (langwelligen) Ende hin verschoben wird, wenn ihr Abstand von der Erde zunimmt. Zum Glück können Einsteins Gleichungen die inzwischen als »Rotverschiebung« bekannte Beobachtung sofort erklären. Sie zeigen nämlich ein Universum, das sich ausdehnt (expandiert). Die Sterne, die wir sehen, sind also sich von uns entfernende Objekte. Das von ihnen ausgesandte Licht verändert seine Wellenlänge so, wie es die Töne von hupenden Autos tun, die an einem Fußgänger vorbeirasen.

Davor gab es noch einen weiteren Fortschritt bei der theoretischen Beschäftigung mit dem Licht, als sich Einstein der Frage zuwandte: »Wie senden Sterne Licht aus?«, die genauer gestellt lautet: »Wie senden die Atome der Sterne Licht aus?« Einstein antwortet darauf im Jahre 1916, als ihm »ein prächtiges Licht aufgeht«, wie er damals geschrieben hat. Es gelingt ihm nämlich die »verblüffend einfache Ableitung« eines Gesetzes, das die Lichtaussendung (die Emission) von festen Körpern regelt. Einstein unterscheidet in seiner Arbeit mit dem Titel *Strahlungs-emission und Absorption nach der Quantentheorie* zwischen spontaner und stimulierter Emission von Licht und sorgt auf diese Weise für die theoretische Grundlage des Lasers, der Anfang der 1960er-Jahre technische Wirklichkeit wird und inzwischen in fast jedem Wohnzimmer vorhanden ist – etwa in einem CD- oder DVD-Player.

Das Besondere der Quanten

In der ersten Arbeit aus dem Wunderjahr 1905 geht es um Quanten. Für sie ist Einstein mit dem Nobelpreis ausgezeichnet worden. Seine Überlegungen behandeln dabei »die Erzeugung und Umwandlung des Lichts«, was im konkreten Detail heißt, dass Einstein zu erklären versucht, warum die Energie, die von Licht auf Elektronen übertragen wird, von der Frequenz des Lichts und nicht von seiner Intensität abhängt, wie jedermann erwartete.

Einsteins Idee besteht darin, die jahrhundertealte Auffassung, Licht breite sich kontinuierlich als Welle aus, durch die Annahme zu ergänzen, die Energie des Lichts bestehe aus »in Raumpunkten lokalisierten Energiequanten, welche sich bewegen, ohne sich zu teilen«. Sie zeichnen sich dadurch aus, dass sie »nur als Ganzes absorbiert und erzeugt werden können«.

Diese Worte sind als der »revolutionärste« Satz bezeichnet worden, der je von einem Physiker des 20. Jahrhunderts zu Papier gebracht wurde, wobei das starke Attribut von Einstein selbst stammt. Die Idee von Quanten als einem unstetigen Element war 1900 von Max Planck in die Physik eingeführt worden, aber nur als eine mathematische Hilfsgröße, die man am Ende aus der Beschreibung der Naturgesetze entfernen wollte.

Einstein gab Plancks Konzept eine physikalische Bedeutung. Er erkannte, dass es die Quanten nicht nur in der Theorie, sondern in Wirklichkeit gibt, wobei zu ergänzen ist, dass ihm diese Einsicht nicht leichtgefallen sein muss. »Es war, wie wenn einem der Boden unter den Füßen weggezogen worden wäre, ohne dass sich irgendwo fester Grund zeigte, auf dem man hätte bauen können«, wie er selbst einmal unter der Überschrift *Autobiografisches* geschrieben hat.

Einstein war klar, dass seine Lichtquantenhypothese das Ende der klassischen Physik bedeutete, und es sollte noch Jahrzehnte dauern, bis der Ersatz in Form einer Quantenphysik kam, mit der er sich nie anfreunden konnte, was es zu verstehen gilt.

Quantenmechanik

In der Geschichte der physikalischen Wissenschaften kann zwischen einer Quantentheorie und der Quantenmechanik unterschieden werden. Mit Quantentheorie werden in dem Fall die Bemühungen bezeichnet, die seit Newtons Tagen entwickelte und bewährte klassische Physik zu erweitern, um Platz für die Quantensprünge von Planck und Einstein aus den Jahren 1900 bzw. 1905 zu schaffen.

Wie ihr klassisches Vorbild wollte die Quantentheorie von messbaren Größen (Impuls, Energie) handeln, und ihre Gleichungen sollten die natürlichen Abläufe festlegen. In der Mitte der 1920er-Jahre brach dieses Programm jedoch zusammen, und eine völlig neue Theorie – die Quantenmechanik - tauchte aus den Köpfen einiger Physiker auf. Sie operierte mit merkwürdigen mathematischen Größen, die nicht mehr direkt messbar waren. Ihre Gesetze waren nicht deterministischer, sondern statistischer Art.

Wie sich in den folgenden Jahren und Jahrzehnten herausstellte, konnte die Quantenmechanik alle Phänomene im Bereich der Atome höchst genau erklären. Das hinderte Einstein jedoch nicht, sowohl ihre Allgemeingültigkeit als auch ihre Vollständigkeit in Zweifel zu ziehen. Für ihn konnte die Quantenmechanik »nicht der wahre Jakob« sein.

Einstein bestritt nicht die Qualität der Quantenmechanik, vermutete und hoffte aber, dass sich eines Tages eine noch umfassendere Theorie finden werde, die mit bislang verborgenen Parametern operiere und zeige, dass das, was jetzt nur statistisch erfassbar wurde und also Zufälligkeiten unterlag, doch streng kausal bestimmt sei. Einstein presste seine Abneigung gegen die Quantenmechanik in das berühmte Diktum »Gott würfelt nicht«, das er vor allem in seinen Diskussionen mit dem großen dänischen Physiker Niels Bohr einsetzte.

»Diskussionen mit Einstein über erkenntnistheoretische Probleme der Atomphysik« – so heißt ein Aufsatz, in dem Niels Bohr darstellt, wie er mit Einstein um die

Lektion der Atome gerungen hat. Ich bin davon überzeugt, dass kommende Generationen, sofern sie noch Interesse an philosophischen Fragen haben, in dem Dialog dieser beiden Männer nachlesen können, welche hohe Qualität das Denken im 20. Jahrhundert erreichen konnte. Beide hatten allerhöchsten Respekt voreinander, wie sich etwa an der Bemerkung von Einstein ablesen lässt, Bohrs Beiträge zur Physik seien »höchste Musikalität auf dem Gebiet des Gedankens«. Diese Bewunderung hat ihn aber nicht davon abgehalten, die Deutung, die Bohr der Quantenmechanik gab, als »Beruhigungsphilosophie« zu bezeichnen.

Was ist damit gemeint? Die über mehr als zwei Jahrzehnte geführte Debatte handelte unter anderem von der merkwürdigen Rolle, die den Beobachtern und der Beobachtung in der neuen Physik zukam.

In der Quantenmechanik bekommt ein Elektron seine Eigenschaften erst durch eine Messung. Mit ihr wird bestimmt, was vorher unbestimmt war. Während Bohr sich auf diese Unbestimmtheit der physikalischen Realität einließ und sie in ein philosophisches Gerüst (mit Namen »Komplementarität«) einbaute, blieb Einstein der Gedanke unerträglich, dass sich die Natur nicht festlegen lässt. Er dachte sich ein Gedankenexperiment nach dem anderen aus, um zu zeigen, wie sich die Unbestimmtheit hintergehen ließe, aber Bohr konnte sie alle als untauglich entlarven. Die Hartnäckigkeit, mit der Einstein das Thema verfolgte, hat in mir den Gedanken aufkommen lassen, dass es in der Debatte um mehr als ein Verständnis der Wirklichkeit ging und ihr eigentliches Thema

»Gott« war. Das im Angesicht der neuen Physik, die den Kosmos so gut kennt wie die Atome. Tatsächlich stellt Einsteins zwar hübsches, aber letztlich stur wirkendes Bonmot »Gott würfelt nicht« sein letztes Wort in dem Dialog dar, auf das Bohr im Jahre 1949 noch geantwortet hat. Zum einen, so meint er, könne niemand – nicht einmal Einstein selbst – Gott vorschreiben, wie er mit der Welt umzugehen habe. Und zum Zweiten wisse ebenfalls niemand, was ein Wort wie »würfeln« bedeute, wenn es in Verbindung mit Gott gebraucht werde.

Geheimnisvolles bei Einstein

Wie gesagt, Einstein kennt jeder, während Bohr unbekannt blieb. Einstein ist es offensichtlich gelungen, vom Publikum – von den Menschen auf der Straße – mit dem Herzen aufgenommen und auf diese Weise verstanden worden zu sein. Wie sonst ist seine einzigartige Popularität zu erklären? Das Attribut »einzigartig« bezieht sich dabei auf die wissenschaftlichen Kreise, denn natürlich gibt es im Bereich des Sports oder in Hollywood Personen, die bekannter als Einstein sind. Immerhin hatte er zu Lebzeiten fast den Bekanntheitsgrad von Charlie Chaplin, mit dem er zusammen eine Filmgala mit Premiere in Hollywood besucht hat.

Als die beiden im Januar 1931 vor dem Lichtspieltheater eintrafen und das Volk ihnen zujubelte, soll Chaplin auf Einsteins Frage, warum sich die Leute dazu hergeben, geantwortet haben:

»Mir applaudieren sie, weil mich alle verstehen, und Ihnen, weil Sie niemand versteht.«

Wie bei allen guten Aphorismen staunt man zuerst über ihren Erklärungswert, um danach mehr Neugierde als vorher zu haben. Zwei der Fragen, die Chaplins Satz unmittelbar aufwirft, lauten: Warum lieben wir jemanden, den wir nicht verstehen – ich halte dies für Einsteins großes Geheimnis –, und warum verstehen wir Einstein – mit dem Kopf – auch heute noch nicht? Und das mehr als 100 Jahre nach der ersten Präsentation seiner Gedanken (was Chaplins Erklärung Gültigkeit bis in unsere Tage verleiht).

Kehren wir zu Einsteins Popstarkult zurück. Unter den Forschern stellt er damit einen ganz besonderen Fall dar, da nicht nur sein Name, sondern auch sein Gesicht weltweit bekannt ist – wenn man auch einschränkend hinzufügen sollte, dass gewöhnlich das Gesicht des alten Einstein den Menschen vertraut ist. Das mit wirrem weißem Haar und herausgestreckter Zunge.

Die Frage, warum Einstein so populär ist, wird zwar von einem Schauspieler – siehe oben – prägnant beantwortet, von der historischen Profession aber seltsamerweise wenig gestellt. Sie kümmert selbst diejenigen Vertreter der akademischen Welt kaum, die sich offiziell darum bemühen, Wissenschaft zu popularisieren. Hier sollen einige Vorschläge gemacht werden, die als Antwort dienen oder diskutiert werden können.

Die hier vertretene These besteht darin, dass Einsteins Popularität der Idee des Geheimnisvollen zu verdanken ist, die sich in zwei Bereichen verfolgen lässt. Der erste

Bereich, um den es zunächst geht, ist die Physik selbst. Anschließend wird versucht, darüber hinauszugehen und – nur wörtlich und nicht tiefsinnig – ein wenig Metaphysik zu erkunden.

Geheimnisse in der Physik

Was die Physik angeht, so gehört zu den Standardauskünften über die Wissenschaft bzw. über Wissenschaftler, dass sie Fragen abschließend klärt und nicht offen lässt, um sie ewig zu erörtern. Geheimnisse gibt es in der Naturforschung nur, damit jemand »dahinterkommt« und ihren Schleier lüftet, wie zu hören ist. So denkt man und so glaubt man, aber tatsächlich hat Einstein zum Beispiel die Natur des Lichts nicht erklärt, sondern merkwürdigerweise »verklärt«.

Vor Einsteins von ihm selbst als revolutionär eingestufter Arbeit über einen die Erzeugung und Umwandlung des Lichts betreffenden heuristischen Standpunkt aus dem Jahre 1905 wusste jeder Physiker genau, was Licht ist. Nämlich eine elektromagnetische Welle, die nach den Maxwell-Gleichungen gebildet wird und sich mit konstanter Geschwindigkeit durch den Raum fortbewegt. Nach Einsteins Arbeit war diese Gewissheit verschwunden, ohne dass eine andere an ihre Stelle getreten wäre. Das Gebäude der Physik hatte plötzlich keinen Boden mehr, auf dem es stehen konnte. Ein neuer Standort war nicht in Sicht (wobei es offenbleibt, ob man mit dem heutigen wirklich zufrieden sein kann).

Nach Einsteins erster Arbeit aus dem Wunderjahr sind wir gezwungen, Licht als etwas zu betrachten, das sich sowohl als Welle als auch als Teilchen zeigen kann.

An dieser Stelle könnte jetzt der Einbruch des Subjektiven in die den Physikern damals heilige (!) und unantastbare Welt der Objektivität zum Thema werden, was aber unterbleiben soll, um nur den eher schlicht wirkenden Aspekt der Dualität ins Auge zu fassen.

Die modernen Lehrbücher sprechen eher nebenbei von der Doppelnatur des Lichts, ohne zu sagen, was Einsteins Einsicht in diese Zweiteilung der einen irdischen Wirklichkeit für unser Weltbild – für unsere Bildung – bedeutet. Sie bedeutet, dass Wissenschaftler und andere Menschen Licht nicht verstehen können, wie sie es in der Wissenschaft – vor allem der Physik – gewohnt waren und vielfach noch sind. Wenn etwas sowohl Welle als auch Teilchen ist, dann können Interessenten alles Mögliche darüber wissen und angeben – sie können Wellenlängen messen, die Polarisation bestimmen, die Energie angeben und vieles mehr tun –, sie können nur nicht mehr sagen, was es ist. Licht ist Licht, könnte man meinen, und das ist möglicherweise alles.

Vielleicht ist es mehr als Zufall, wenn der russische Schriftsteller Anton Tschechow kurz vor seinem Tode im Jahre 1904 die Frage seiner Frau, was denn das Leben sei, in der gleichen Weise beantwortet. Das Leben ist das Leben – nämlich ein Geheimnis –, auch wenn man viele Dramen und Romane darüber geschrieben hat. Und Licht ist Licht ist Licht, um die Formulierung der Dichterin Gertrude Stein abzuwandeln, die ebenfalls in den frühen Jahren des 20. Jahrhunderts feststellte: Eine Rose ist eine Rose ist eine Rose.

Licht ist Licht und bleibt Licht, auch wenn man viele Theorien aufstellt und Experimente unternimmt. Mit anderen Worten hat Einstein Licht zu einem Geheimnis gemacht. Das ist aber beileibe kein Unheil oder etwas Bedrohliches, sondern im Gegenteil das Schönste, was ihm und uns passieren kann.

Die Hinweise auf den Dramatiker und die Dichterin erlauben uns, einen Blick auf den Teil der menschlichen Kultur zu werfen, den wir als Kunst bezeichnen und der stets mehr öffentliche Aufmerksamkeit bekommt als die Wissenschaft. Von den sicher zahlreichen Gründen, die es dafür gibt, soll hier nur der genannt werden, der mit dem Geheimnisvollen zu tun hat, von dem in Einsteins Zitat die Rede ist.

Kunstwerke beschäftigen viele Menschen deshalb immer wieder, weil sie offene Angebote ans Denken und Schauen darstellen und sich irgendwo auf und in ihnen immer etwas finden lässt, das unerklärt ist und bleibt. Indem Einstein dem Licht eine Doppelnatur verpasst, rückt er den physikalischen Gegenstand in die Nähe von Kunstwerken. Da gehört das Licht ja auch hin, wie ich meine und dabei auf Zustimmung hoffe.

Die geheimnisvolle Geometrie

Einstein hat nicht nur das Licht, sondern auch den Raum und die dazugehörige Raumzeit zu einem Geheimnis gemacht, wenn er zum Beispiel in seinem Buch Über *die spezielle und die allgemeine Relativitätstheorie* in einem eigenen Kapitel »Betrachtungen über die Welt als Ganzes« anstellt, in denen er »die Möglichkeit einer endlichen und doch nicht begrenzten Welt« vorführt.

Einstein zeigt unter anderem, »dass geschlossene Räume ohne Grenzen denkbar sind«. Dieser Satz ist deshalb geheimnisvoll, weil er bei aller Klarheit und Allgemeinverständlichkeit der verwendeten Begriffe unklar in dem Sinne bleibt, dass sein Inhalt unvorstellbar ist (nicht nur deshalb, weil er große erkenntnistheoretische Entwürfe der Philosophie in Schwierigkeiten bringt).

Die große Kunst, Wahrheiten so zu formulieren, dass sie ihr Geheimnis behalten, traut unsere Gesellschaft gewöhnlich Dichtern und nicht Physikern zu. Wären poetische Sätze einfach klar, dann gäben sie nur informative Auskünfte, und sie würden so rasch langweilig und vergessen wie die Nachrichten der Zeitung von gestern. Für diesen Fall würden die Menschen die Sätze der Dichtkunst nicht immer wieder lesen und ihnen den Rang von Kunstwerken absprechen.

Wer Wissenschaft für das Herz machen will, ist deshalb gut beraten, poetische Formulierungen seiner Einsichten zu suchen. Bei einzelnen Sätzen hat Einstein sie auf eine Art und Weise gefunden, die ich als grandios bezeichnen möchte. Sein Sprachwitz und sein Sprachvermögen – seine Lust am Formulieren – erlauben es ihm, den Inhalten seiner physikalischen Theorie eine Form zu geben, die das Gefühl – das Herz – der Zuhörer ansprechen und auf diese Weise zu ihrer Bildung beitragen.

Zu den besten Einfällen in dieser Hinsicht gehört seine Darstellung der Relativitätstheorie in zwei Sätzen (die eigentlich einer sind):

»Früher hat man geglaubt, wenn alle Dinge aus der Welt verschwinden, so bleiben noch Raum und Zeit übrig. Nach der Relativitätstheorie verschwinden aber Zeit und Raum mit den Dingen.«

Erfahrungen

Es ist nicht zu übersehen: Trotz aller Erfolge der Wissenschaft hängen die Menschen viel stärker an der Religion. Auch wenn ihnen die Wissenschaft durch konkrete Hilfsmaßnahmen (vom Blitzableiter bis zu den modernen Medikamenten) oft besser helfen und vielfach die Angst nehmen kann. Unabhängig davon bleiben die meisten (auch gebildeten) Menschen davon überzeugt, dass es andere (transzendente) Welten gibt »und dass diese anderen Welten Erfahrungen enthalten müssen, die auch für unser Dasein eine Bedeutung haben«, wie es bei William James heißt, wenn er *Die Vielfalt religiöser Erfahrung* beschreibt.

Die Menschen bleiben davon trotz aller Wissenschaft überzeugt, weil sie von einer Vielfalt religiöser oder spiritueller Erfahrungen gehört oder eigene erlebt haben. Sie fordern aber von der Wissenschaft zu erklären, was es damit auf sich hat. Die Forschung musste ihnen jetzt erklären, dass sie das Religiöse ernst nimmt und die dazugehörigen Erlebnisse (religiöse oder/und andere spirituelle Erfahrungen) zum Beispiel darauf beruhen, dass unser Bewusstsein mit anderen Teilen des Gehirns in Kontakt kommt. Zumindest muss dies in Einsteins Person – in seinem Kopf – passiert sein.

Wenn wir ihn bewundern und bestaunen, orientieren wir uns nur bedingt an seiner Theorie. Wir orientieren uns vor allem an seiner spirituellen Erfahrung. Sie geht uns zu Herzen. Wir verstehen sie und haben Verständnis für ihn. Wenn wir darüber in ein Gespräch treten, wird man zuletzt vielleicht zu dem Schluss kommen, dass es sich lohnt, von dem mathematischen Gerüst, auf dem Einstein stand, mehr zu wissen. Was die naturwissenschaftliche Bildung betrifft, wären wir dann auf dem besten Weg, den man sich denken kann. Er speist sich nämlich von innen heraus. Hier liegt auch die Quelle, die Einstein neugierig machte. Sein ganzes Leben lang begegnete er der Welt mit Staunen und Verwunderung.

BOHRS LÄCHELN

So bekannt Einstein schon im Laufe seines Lebens geworden ist, so unbekannt ist der Däne Niels Bohr (1887–1962) bis in die Gegenwart hinein geblieben. Wie kein anderer hatte er sich um das Verstehen und Verbreiten der neuen Physik verdient gemacht, die mit den von Planck eingeführten Quantensprüngen operiert und von ihnen ausgeht. Von seinen Kollegen wurde er auf erstaunliche und fast ehrfürchtige Weise verehrt.

Der große amerikanische Physiker John Archibald Wheeler hat sogar einmal geschrieben:

»Bohrs tiefes Verständnis menschlicher Probleme und sein gewichtiger Einfluss auf die Mitmenschen geben uns die Gewissheit, dass Männer wie Jesus, Lao-Tse, Konfuzius und Buddha wirklich gelebt haben.«

Albert Einstein war immer des Lobes voll, wenn er auf Bohr zu sprechen kam. Er sagte dann zum Beispiel·

»Bohr ist zweifellos einer der größten Erfinder unserer Zeit auf dem Gebiet der Wissenschaft. Er ist ein wahrhaft genialer Mensch. Ein Glück, dass es so etwas überhaupt gibt.«

Tatsächlich haben ausnahmslos alle, die Bohr persönlich kannten, den Dänen zutiefst verehrt und in höchstem Maße bewundert – auch und gerade Einstein, obwohl sich die beiden Giganten der Physik im 20. Jahrhundert selbst nach ausgedehntem gedanklichem Ringen nicht über tief reichende philosophische Fragen einigen konnten, die sich ihnen als Physiker stellten:

Wie ist die Wirklichkeit zu verstehen und zu behandeln, in der die Atome eine Rolle spielen? Welche Freiheit bleibt den Menschen, von einem Gott und seiner Schöpfung zu sprechen, wenn sie die Gesetze der Natur sowohl in der kleinen Welt der Atome als auch in der großen Welt des Kosmos kennen?

»Gott würfelt nicht«, wie Einstein in der Mitte der 1920er-Jahre keck bestimmte, obwohl es Bohr arg verwunderte, wie bereits erzählt worden ist. Ihm schien es allzu vermessen, Gott vorzuschreiben, wie er zu handeln und die Welt in ihrem Lauf zu gestalten habe. Da müsse doch selbst ein Einstein passen, wie er gütig lächelnd und mit verschmitzter Freude meinte.

Die Einsicht beim Spülen

Wenn sich Menschen treffen, die Bohr gekannt haben und von ihrem Meister erzählen, oder wenn historisch orientierte Personen sich über seinen Rang und seine Bedeutung verständigen, dann dauert es nicht lange, bis erste Anekdoten zur Sprache kommen, die Bohrs eigentümlich dialektischen Witz und seine wahrnehmende und liebevolle Humanität zeigen.

Eine besonders eindrucksvolle Geschichte erzählt Werner Heisenberg (1901–1976) in seiner Autobiografie *Der Teil und das Ganze.* Das Geschehen spielt im Jahre 1933 auf einer eher einfachen Almhütte am Ende eines ausgiebigen und anstrengenden Skitages. Nach dem Essen muss aufgeräumt werden. Bohr bekommt die Aufgabe, in die Küche zu gehen, um dort das Geschirr zu waschen. Bei dieser für ihn sicher ungewohnten Tätigkeit fällt dem ewig wachsam Wahrnehmenden plötzlich etwas Wunderbares auf – wobei anzunehmen ist, dass Bohr seine Gedanken tatsächlich in deutscher Sprache ausgedrückt hat, da er diese so gut beherrschte und liebte wie seine Muttersprache:

»Mit dem Geschirrwaschen ist es doch genau wie mit der Sprache. Wir haben schmutziges Spülwasser und schmutzige Küchentücher, und doch gelingt es, damit die Teller und Gläser schließlich sauber zu machen. Auch in der Sprache finden sich unklare Begriffe und eine in ihrem Anwendungsbereich in unbekannter Weise eingeschränkte Logik. Trotzdem gelingt es, damit Klarheit in unser Verständnis der Natur zu bringen.«

Carl Friedrich von Weizsäcker, der mit von der Partie war, erinnert sich, dass diese Geschichte damit noch nicht zu Ende war. Als Bohr nämlich voller Stolz sein Werk – die gereinigten Teller und blitzblanken Gläser – betrachtete, meinte er noch mit seinem unnachahmlich tiefgründigen Lächeln:

»Mit schmutzigem Wasser und einem schmutzigen Tuch kann man schmutzige Gläser sauber machen. Wenn man das einem Philosophen sagen würde, er würde es nicht glauben.«

Mir scheint, dass sich im Vergleich mit dem Spülen letztlich verstehen und ausdrücken lässt, wie das Vorgehen der Naturwissenschaften funktioniert und zu Erkenntnissen kommt: Eine unklare Idee wird in einem unklaren Experiment geprüft und das Ergebnis in unklaren Worten ausgedrückt. Es ist das Zusammenspiel von allen drei Komponenten – beim Spülen das Geschirr, das Wasser und das Tuch –, mit dessen Hilfe die erwünschte Klarheit entsteht. Der Versuch, Einsichten in die Natur unter Verzicht auf Experimente zu gewinnen, erscheint dann wie Spülen ohne Wasser.

Als Schüler und Student

Nach einer sicher fröhlichen Schulzeit, die der Knabe Niels auf der Gammelholm-Schule in Kopenhagen absolvierte, schrieb er sich 1903 als junger Mann zum Studium der Physik an der Universität seiner Heimatstadt ein. Einer der Gründe für die Wahl dieses Fachs war seine Bewunderung für die Physik Englands, die durch große Namen wie Michael Faraday, James Clerk Maxwell, Ernest Rutherford und Joseph John Thomson von sich Reden gemacht hatte.

Der zuletzt Genannte konnte im Jahre 1897 nachweisen, dass es in Atomen eigenständige Elektronen gibt.

Die Physik auf der Insel war natürlich nur ein Teil der sich insgesamt dramatisch entwickelnden Naturwissenschaft, der sich Bohr verschrieben hatte. Im ausgehenden 19. Jahrhundert hatte sie gelernt, zu Röntgenstrahlen vorzudringen, mit der Radioaktivität umzugehen und elektromagnetische Radiowellen herzustellen.

Es gab damals also viele Gründe, sich mit Physik zu beschäftigen. Bevor es allerdings mit dem Fach, in dem Bohr später berühmt werden sollte, langsam ernst wurde, blieb noch Zeit für die Lektüre von philosophischen und anderen Büchern. Ausführlich beschäftigt hat sich Bohr mit dem dänischen Philosophen Poul Martin Møller, der 1843 angefangen hatte, einen letztlich unvollendet gebliebenen Roman mit dem Titel *En dansk students eventyr* (Das Abenteuer eines dänischen Studenten) zu schreiben. Niels Bohr schwärmte von diesem Büchlein, in dem sich der fiktive Student unter anderem mit dem Problem plagt, wo die Gedanken herkommen. Wo, wann, wie und woraus entstehen sie? Bei Møller findet sich dabei eine Stelle, bei der man sich vorstellen kann, wie sehr sie Bohr faszinierte:

»Wenn du einen Satz schreibst, musst du ihn vor dem Aufschreiben im Kopf haben. Bevor du ihn aber im Kopf hast, musst du ihn gedacht haben. Wie willst du denn sonst wissen, dass ein Satz formuliert werden kann? Bevor du daran denkst, musst du doch eine Idee davon gehabt haben. Wie wäre es dir sonst eingefallen, ihn zu denken?«

Bohr dachte bei seinem Denken unentwegt an diesen Gedanken, was natürlich nur dazu führte, dass er sich dauernd verhaspelte. Wie konnte man konkret von ihm verlangen, einen Satz schon im Kopf zu Ende gedacht und gebracht zu haben, bevor er ihn formulierte? Wie konnte er wissen, was er sagen wollte, solange er nicht hörte, wie weit seine Gedanken waren? Wie kann jemand – allgemein gesehen – auch nur versuchen, Beobachter und Beobachtetes zugleich zu sein, um das Subjekt, das man selbst ist, zu dessen Objekt zu machen?

Auch auf diese Art der Dilemmata geht Møllers dänischer Student ein, wenn er in dem Roman einem freundlichen Gesprächspartner namens Fritz gegenüber offenbart:

»Bei vielen Gelegenheiten teilt sich ein Mann in zwei Personen auf, von denen die eine versucht, die andere zu hintergehen, während eine dritte, die in Wahrheit dieselbe wie die ersten beiden ist, sich über diese Konfusion wundert. Kurzum, Denken wird ein dramatischer Vorgang, der die kompliziertesten Abläufe mit sich selbst hervorbringt, und der Zuschauer wird immer wieder zum Schauspieler.«

Hier haben wir vermutlich die Quelle eines der Lieblingssätze von Niels Bohr vor uns, der bei vielen Gelegenheiten seine Zuhörer daran erinnerte, dass wir zwar nur kurz am gesamten Geschehen teilhaben, dabei aber immer zugleich als Zuschauer und Mitspieler im großen Drama des Lebens in Erscheinung treten. Wir seien das Stück und das Gegenstück zugleich.

Es ist nicht zu übersehen, dass hier zugleich aufgeklärt (sprich: analytisch) und romantisch (sprich: kreativ) gedacht wird und sich der fortgeschrittene Physikstudent Bohr von diesem Wechselspiel sein Leben lang beeindruckt zeigt.

Atome und Elemente

Als Bohr in Kopenhagen sein Studium aufnahm, galt es in seiner gewählten Wissenschaft zu verstehen, wie Atome die uns umgebende Materie ermöglichen, stabil halten und errichten. Um dazu etwas sagen zu können, musste zum einen konkret bestimmt werden, wie ein Atom grundsätzlich aussieht und gebaut ist, wie es seine Masse bekommt und wie die Ladungen in ihm verteilt sind, von denen eine Form – die negativen Elektronen – seit Kurzem ihr Eigenleben führen konnte. Weiter sollte präzise geklärt werden, wie sich einzelne Atomsorten – etwa Gold- von Silberatomen – unterscheiden und schließlich im elementaren Verbund von Atomen ihre sinnliche Vielfalt bekommen, die sich wahrnehmbar in ihren chemischen Qualitäten niederschlägt.

Es war schließlich Niels Bohr, der diese lange Zeit unlösbar scheinenden Fragen – natürlich nicht völlig ohne Hilfe der ihn umgebenden Wissenschaftler – in den zehn Jahren nach seiner Promotion, also ab 1912, fast im Alleingang beantwortete und damit seinen rasch einsetzenden und anhaltenden Weltruhm begründete. Folgerichtig und zeitig wurde er 1922 mit dem Nobelpreis für Physik ausgezeichnet, wobei die offizielle Begründung der Schwedischen Akademie Bohrs »Verdienste um die

Erforschung der Struktur der Atome und der von ihnen ausgehenden Strahlung« würdigte.

Mit den dabei gewonnenen Einsichten und mit der durch diese Kenntnis möglich gewordenen Begründung für die Ordnung und den Aufbau der Elemente wurde das bis dahin hermetisch abgeriegelte Tor zum Atomzeitalter mit seinen politischen und sozialen Folgen unumkehrbar geöffnet und die Menschen aus einem weiteren Paradies des Unwissens vertrieben, in dem sie sich doch so bequem eingerichtet hatten.

Bohrs Beitrag zum Bau von Atomen beruht auf einem Modell des in England tätigen Neuseeländers Ernest Rutherford, der durch Experimente, bei denen Strahlung an dünnen Folien gestreut wird, die Existenz von Atomkernen entdeckt hat. Ein Atom bestand in dieser Sicht aus einem Kern und einer Hülle, in der man die Elektronen vermutete. Natürlich wirkte dieses anschauliche »Saturn-Modell« des Atoms, wie Rutherford es nannte, auf den ersten Blick – vor allem für Laien – verlockend. Der kritische zweite Blick der Fachwelt zeigte seine komplette und offenkundig nicht zu behebende Unzulänglichkeit. Sie kommt durch die Grundgesetze der Physik zum Vorschein, die seit der Mitte des 19. Jahrhunderts bekannt waren und verlangten, dass eine Ladung, die beschleunigt wird, Energie abstrahlt. Ein sich kreisförmig bewegendes Elektron produziert elektromagnetische Strahlung, wie der aus Hamburg stammende Physiker Heinrich Hertz am Ende des 19. Jahrhunderts ohne jeden Zweifel zeigen und nutzen konnte.

Um ein Elektron auf einer Umlaufbahn zu halten, muss es beschleunigt werden – sonst fliegt es einfach geradeaus weiter. Dies bedeutet, dass es in einem Atom à la Rutherford Energie verliert und seine Bahn nicht beibehalten kann. Es wird in das Zentrum der zirkulären Struktur stürzen und dort im Kern auf die positiv geladenen Anteile des Atoms treffen und von ihnen eingefangen werden. Mit anderen Worten: Rutherfords Atom mit seinem Kern konnte überhaupt nicht existieren!

Seinem Modell stand die gesamte imposante Physik des 19. Jahrhunderts im Wege, und so klar der Ausgang und die Deutung von Rutherfords Experiment auch schienen, so unklar blieb, wie damit umgegangen werden sollte und alles in den Rahmen der Physik passen konnte.

Eine Zeit lang wirkte der neuseeländische Physiker ratlos und deprimiert. Doch dann tauchte Bohr in seinem Laboratorium auf. Der junge Mann aus Kopenhagen konnte einen wundersamen und gleichsam genialen Ausweg aus der Sackgasse aufzeigen und dem Atom damit eine erste stabile Form geben. Er brauchte dazu zwar kein Kaninchen aus einem Zylinder zu ziehen, aber irgendetwas von dieser Art musste Bohr schon herbeizaubern, was ihm dann ja auch gelungen ist.

Möglicherweise orientierte er sich – vielleicht unbewusst – an dem Problem des dänischen Studenten aus dem Jahre 1834, der bei seinem Grübeln nach dem Anfang des Denkens fragt und merkt, dass die Antwort nicht das Denken selbst sein kann, sondern anders lauten muss. Wer das Denken erklären will, kann nicht mit dem Denken anfangen. Auch gilt: Wer Materie erklären will, kann nicht mit Materie anfangen. Wenn Bohr verstehen will, wie die Dinge zusammengesetzt sind, die sich uns als Elemente zeigen, dann kann er also auf keinen Fall mit Dingen anfangen, die selbst materiell im herkömmlichen Sinne sind. Wenn die Atome aus Teilen wie Elektronen und Kernen mit – wenn auch sehr kleinen – Massen modelliert werden, wie Rutherford und seine Vorgänger es unternommen haben, dann sollte es fast selbstverständlich sein, dass diese Gegebenheiten irgendwo und irgendwie aus den Gesetzen der Physik herausfallen.

Mit anderen Worten, die im Experiment aufgedeckte unmögliche Tatsache war das Beste, was der Physik – und vor allem dem ins Paradoxe verliebten Bohr – passieren konnte, weil das widersprüchliche Versuchsergebnis zeigte, dass man tatsächlich die Hoffnung haben konnte, die Denkfalle zu umgehen, bei der das vorausgesetzt wird, was man erklären will – sei es das immaterielle Denken des dänischen Studenten oder das materielle Atom des dänischen Physikers.

Nun kann niemand sicher sagen oder bestimmt darstellen, wie sich Bohrs Gedanken zu den Atomen geformt und entwickelt haben, und dieses »niemand« schließt den denkenden Physiker selbst mit ein, wie Bohr ebenfalls bei Møllers dänischem Studenten gelernt hatte. Es ist aber möglich, sich den Weg vorzustellen und auszumalen, auf dem Bohr unterwegs war, und diese Route kann mit der von den Atomen ausgehenden Strahlung beginnen, auf die das Nobel-Komitee 1922 hinweisen wird.

Das Licht, das Atome aussenden, war seit Längerem immer genauer untersucht worden. Dabei hatte sich gezeigt, dass einzelne Atomsorten – zum Beispiel Wasserstoff – kein diffuses, sondern ein klar begrenztes Licht abstrahlen, das sich durch Linien kennzeichnen lässt, die unter Physikern als »Spektrallinien« abgehandelt werden.

In diesem Bohr'schen Atommodell gibt es genau den Kern, auf den Rutherfords Experimente gestoßen waren. Er wird von Elektronen umrundet, denen Bohr nachdrücklich feste Bahnen zuordnet, zwischen denen er ihnen dann zu springen erlaubt. Wenn die Elektronen nun bei diesen Quantensprüngen im Atom von einer Bahn mit viel Energie auf eine Bahn mit weniger Energie wechseln, geben sie die frei werdende Differenz in Form von Strahlen ab, deren Frequenz von Physikern gemessen und als Linie notiert werden kann.

Übrigens: Wenn Bohr die Elektronen von einer Bahn auf eine andere springen lässt, dann kann er weder angeben, warum sie so agieren, noch wie sie dabei im mechanischen Detail vorgehen. Er lässt den eigentlichen Übergang im Unklaren. Es muss Bohr gefallen und ungeheuer Spaß gemacht haben, dass das Licht der Welt genau aus dieser geheimnisvoll bleibenden Dunkelheit entspringt.

Bohrs Kreativität

Man kann den historischen Befund auch anders ausdrücken: In dem Bohr'schen Modell des Atoms stecken zwar viele irrationale Gegebenheiten. Aber genau durch ihre unersetzliche Präsenz wird erkennbar, wie Menschen zur Einsicht in Gebilde wie Atome gelangen, die ihren Sinnen nicht zugedacht sind und der Wahrnehmung vielmehr entzogen und für sie unsichtbar bleiben. Man begreift sie und ihre Wirklichkeit in dem Augenblick, indem man das logisch-rationale Gerüst der klassischen Physik um kreativ-irrationale Elemente bereichert und durch die geeignete Kombination aus diesen widersprüchlichen Elementen ein tragfähiges Gesamtbild entwirft.

Bohr treibt Physik im Modell der Kunst auf dem Boden der physikalisch ermittelten Tatsachen, indem er zum einen der Natur zubilligt, eine Tendenz zur Formenbildung zu haben, und zum Zweiten dem nach Verstehen verlangenden Menschen erlaubt, seinem Gegenstand ebenfalls eine entsprechende Form – »im allgemeinsten Sinn« – zu geben. Es ist die Gestalt, die Einbeziehung der Morphogenese, die den Rang seines Entwurfs ausmacht und mit der er sein Modell der Materie vorstellt, um die Qualität des entworfenen Atoms mit den Quantitäten der Daten abzusichern.

Einstein und Bohr – die Debatte von Riesen

Bohr scheint so etwas wie das ordentliche Gegenstück zu dem chaotischen Genie Einstein zu sein und neben ihm das Musterbeispiel für bürgerliche Konventionen abzugeben. Bohr wirkte äußerlich brav und solide. Stets war er mit einem unauffälligen Anzug bekleidet und trug seine Haare streng nach hinten gekämmt. Er führte ein geordnetes Familienleben und diente seiner Heimat als ein ordentlicher Professor, der sich um seine Wissenschaft und seine Studenten sorgte. Seltsamerweise dachte der konservativ erscheinende Bohr viel revolutionärer als die meisten anderen Physiker. In mancher Hinsicht ging Bohr sogar wesentlich radikaler als Einstein vor. Er erscheint als der wahre Freigeist, der weder einen Gott noch einen religiösen Halt für seine Zufriedenheit brauchte. Er lebte autonom aus sich selbst heraus und daher auch für andere, die ihn brauchten.

Zwischen diesen beiden Physikern, die unbestritten als die Großen unserer Zeit anzusehen sind, kam es vom Herbst 1927 an zu einer erkenntnistheoretischen Diskussion, die möglicherweise mit der Debatte vergleichbar ist, die Isaac Newton und Gottfried Wilhelm Leibniz im frühen 18. Jahrhundert führten. Damals ging es unter anderem um die Natur – um das Wesen – von Raum, Zeit und Materie, die als absolut oder objektiv gegeben angesehen wurden. Zwischen Einstein und Bohr ging es um die Deutung und Bedeutung des Quantums, um die Interpretation der merkwürdig abstrakten Quantenmechanik und die Frage nach der physikalischen Wirklichkeit, die imaginär erfasst wurde.

Um diese Themen ging es primär und vordergründig. Sie konnten aber nur deshalb so viele Jahre hindurch – sogar bis heute – ausreichend Interesse beanspruchen, weil im Hintergrund eine tiefere Thematik gemeint war. Hier lauert die vermutlich ewige und unauflösbare Frage, wie sich ein Gott in einem Weltbild verorten lässt, das Menschen entwerfen können, nachdem erst die Relativitätstheorie ihnen den aktiven Kosmos und seine Geometrie nähergebracht und dann die Quantenmechanik ihnen die zugleich zählbaren und verrückten Zustände der Atome gezeigt hatte, mit denen sich alle Elemente und ihre Verbindungen verstehen ließen – eben alles, was ein Gott gemacht hat oder auch nicht.

Gott würfelt nicht

Die Wirklichkeit ist eben anders, als es sich selbst Einstein vorstellen konnte. Zwischen ihm und Bohr bestanden nach der Etablierung der Quantenmechanik ab 1935 große Differenzen hinsichtlich der Fragen, was wirklich ist und was die Physik dazu sagen oder darüber wissen kann. Die Kontroversen waren auch 1949 noch nicht beigelegt, als Bohr einen letzten Versuch unternahm, Einstein für den Gedanken zu erwärmen, den Bohr »Komplementarität« nannte und der ihm sehr am Herzen lag.

Mit dieser Denkfigur wollte der tolerante und gütige Bohr einige der Verrücktheiten verständlich machen, die den Physikern in die Quere gekommen waren, seit sie jetzt auf die hell erleuchtete Bühne blicken konnten, auf der die Atome ihr Stück von der Wirklichkeit aufführen.

Lange hatte man gedacht, dass es im Inneren der Welt so zugeht wie am Himmel. Ein Elektron kreist um einen Kern wie ein Planet um die Sonne – nur alles sehr viel kleiner. Doch dann stellte sich heraus, dass die Bahn des

Elektrons überhaupt nicht gegeben war, sondern stattdessen durch die Physiker selbst gemacht (erfunden) werden musste, während sie dem Treiben der Atome zuschauten.

Die Welt ist nicht einfach gegeben. Sie bekommt ihre Form erst, wenn Menschen hinschauen und sie betrachten. Mit dieser Einsicht war die berühmte Objektivität der klassischen Physik verschwunden. Sie hatte uns eine Welt vorgegaukelt, in der ein Ich nicht vorkam.

Bohr akzeptierte diese Situation sofort. Der Gedanke befriedigte ihn außerordentlich, dass er bei dem Schauspiel des Lebens, das die atomare Bühne bot, nun Zuschauer und Mitspieler zugleich sein konnte. Es gibt keine Welt ohne Ich, und es gibt kein Ich ohne Welt. Beide gibt es nur gemeinsam. Bohr fasste dies als »Komplementarität« zusammen. Er wollte damit sagen, dass man zu jeder Beschreibung der Natur ein komplementäres Gegenstück finden kann, das (in der Tiefe) mit der ursprünglichen Darstellung gleichberechtigt ist, obwohl beide (an der Oberfläche) völlig anders auftreten und sich zu widersprechen scheinen.

Eine Wahrheit erkennt man daran, so pflegte Bohr zu sagen, dass auch ihr Gegenteil eine Wahrheit ist, was auch heißt, dass sie sich nicht klar ausdrücken lässt. Positiv gewendet: Wenn ich die Wahrheit ausspreche, behält sie ihr Geheimnis. Ästhetisch formuliert: Wenn ich die Wahrheit sagen will, muss ich dies poetisch tun – in Bildern und Gleichnissen zum Beispiel.

Als Bohr seinen Gedanken zum ersten Mal öffentlich aussprach, ging es nur um Physik, und viele beziehen die Idee der Komplementarität bis heute am ehesten auf die Welle-Teilchen-Dualität beim Licht. Dabei übersehen sie oftmals die besondere Bedeutung, die darin liegt, dass dann, wenn etwas als Welle und Teilchen erscheinen kann, zwar alles Mögliche darüber zu wissen ist, nur nicht, was dieses Etwas – Licht – genau ist. Es bleibt ein offenes (öffentliches) Geheimnis, auch wenn wir immer mehr darüber in Erfahrung bringen.

Einstein konnte mit der Lösung, die Bohrs Komplementarität anbot, nichts anfangen. Trotz größter Anstrengungen, so behauptete Einstein bis zuletzt, sei es ihm nicht gelungen, klar zu formulieren, was dieses Kunstwort bedeute. Worauf Bohr freudig geantwortet haben soll, dass Einstein damit auf dem richtigen Weg sei. Schließlich seien gerade Klarheit und Wahrheit typische Beispiele für komplementäre Begriffe.

Die Debatte zwischen Einstein und Bohr kam 1949 zu einem Ende; die beiden lieferten danach keine direkten Beiträge mehr dazu. Über die Fragen hat aber zumindest Bohr bis zu seinem Tode nachgedacht. Die letzte Skizze, die Bohr am Vorabend seines Todes auf die Tafel seines Studierzimmers zeichnete, stellte ein mit Einstein diskutiertes Experiment dar, bei dem Licht aus einem Kasten entweicht und ein Instrument dafür sorgt, den genauen Zeitpunkt des Entkommens festzuhalten.

Warum war diese Diskussion nun so bedeutend, und warum ist sie im Grunde immer noch nicht entschieden? Zwei Antworten bieten sich an: Einmal ist zu beachten, dass Bohrs Antwort unserer Anschauung in jeder Hinsicht widerspricht. Wenn sie richtig ist, taucht die Frage auf, wieso es Menschen möglich ist, die als Quantenmechanik bezeichnete Fassung der Wahrheit zu finden. Wieso bleiben wir mit unserer Einsicht nicht auf das beschränkt, was wir mit unseren Sinnen kennengelernt haben? Wieso ist Quantenmechanik denkbar?

Eine erste Diskussion zu diesen Fragen hat der Nobelpreisträger Max Delbrück (1906–1981) am Ende seines Lebens vorgelegt, als er das Verhältnis von *Wahrheit und Wirklichkeit* in Buchform so analysierte, wie es nur ein Naturwissenschaftler unternehmen kann.

Die zweite Antwort zeigt sich dann, wenn man annimmt, dass das eigentliche Thema der Debatte zwischen Bohr und Einstein nicht so sehr die durch eine physikalische Theorie ausgedrückte oder erfasste Wirklichkeit, sondern etwas Größeres war. Ich vertrete an dieser Stelle die Ansicht, dass das der Debatte zugrunde liegende Thema mit »Gott« benannt werden kann. Wie bereits gesagt wurde, war zumindest bei Einstein so oft von Gott die Rede, wenn es um die Deutung der Physik ging, dass der Schriftsteller Dürrenmatt einmal meinte, Einstein sei ein verkappter Theologe, dessen wohl berühmtester Satz zu diesem Thema lautet:

»Raffiniert ist der Herrgott, aber boshaft ist er nicht.«

Und die statistische Deutung der Quantenmechanik, das Sichabfinden der übrigen Physiker mit Wahrscheinlichkeiten lehnte Einstein ab, wie er Bohr schrieb, als er sich im April für Bohrs Glückwünsche zum 70. Geburtstag bedankte, in dem der Däne unter anderem die Frage angeschnitten hatte, ob man an einer der physi-

kalischen Beschreibung zugänglichen Realität festhalten
könne oder nicht.

Bohr glaubte, dies könne man nicht, woraufhin Einstein seine gegenteilige Ansicht in seiner Antwort an
Bohr mit einem alten Refrain würzte:

»Ueber diese Rede des Kandidaten Jobses allgemeines
Schütteln des Kopfes.«

Bohr antwortete auf ähnlich scherzhafte Weise eine
Woche später, wie bereits zitiert worden ist. Er schrieb am
11. April 1949, er könne nicht umhin, »über die bangen
Fragen zu sagen, dass es sich meines Erachtens nicht darum handelt, ob wir an einer der physikalischen Beschreibung zugänglichen Realität festhalten oder nicht, sondern
darum, den [von Einstein] gewiesenen Weg weiter zu
verfolgen und die logischen Voraussetzungen für die Beschreibung der Realitäten zu erkennen. In meiner frechen
Weise möchte ich sogar sagen, dass niemand – und nicht
einmal der liebe Gott selber – wissen kann, was ein Wort
wie würfeln in diesem Zusammenhang heißen soll.«

Es gilt zu fragen, warum Einstein den von ihm selbst
gewiesenen Weg nicht gegangen ist und nur Bohr dies
zu unternehmen vermochte?

Wer die Debatte zwischen Bohr und Einstein in einem
theologischen Kontext sieht, findet in ihr die Fragestellung, ob eine atheistische, wissenschaftliche Annäherung
an die Welt überhaupt eine rationale Möglichkeit ist. Natürlich hat man keine Schwierigkeiten, Wissenschaftler
zu finden, die nicht an Gott glauben oder die wirklich
meinen, nicht an Gott zu glauben. Aber wer kann denn
sagen, ob sie diesen Gedanken wirklich zu Ende gedacht

haben und bereit sind, die philosophischen Konsequenzen zu tragen, die zu einer solchen Sicht gehören, mit der es äußerst mühsam ist, den Anfang der Dinge zu erklären und zu verstehen, warum etwas und nicht nichts ist? Bohr jedenfalls versuchte, gleichzeitig Wissenschaftler und wahrhaftiger Atheist zu sein.

Einstein nahm daneben in gewisser Weise einen einfacheren Standpunkt ein. In seiner Sicht bestand die Aufgabe der Wissenschaft darin, die Intention und das Design des Schöpfers zu ergründen. Ein Physiker betrachtet die Wirklichkeit in diesem Licht wie ein Archäologe die Steine von Stonehenge. Er ist sicher, dass hinter ihrer Aufstellung ein Plan liegt, den es zu finden gilt. Der Vorteil für den Archäologen liegt darin, dass er annehmen kann, dass die Bewohner von Stonehenge ebenso rational dachten wie er selbst. Aber da Gott den Menschen zu seinem Ebenbild gemacht hat, sollte eine gewisse rationale Affinität bestehen und einem Physiker ermöglichen, Naturgesetze zu entdecken.

Bohr dachte da völlig anders. Für ihn war jeder Gott – auch der von Einstein und Spinoza – noch nicht einmal eine Möglichkeit, die man verwerfen konnte. Die Welt ist keine Schöpfung eines Gottes, sie ist für Bohr – wie das Quantum der Wirkung und das Leben – einfach da, und wir sind ein untrennbarer Teil von ihr. Wir sind zugleich Akteure und Zuschauer im großen Drama des menschlichen Lebens, einem Drama, das keinen Autor hat und dem keine Handlung unterliegt.

Bohr konnte mit der Quantenmechanik zufrieden sein. Das Fehlen einer kausalen Determiniertheit störte ihn nicht, die Beschreibung der Wirklichkeit genügte ihm. Bohr stand damit der fernöstlichen Philosophie und ihren Weisheiten viel näher als den nahöstlichen Religionen. An den Religionen missfiel ihm besonders, dass man von vornherein darauf verzichtete, den verwendeten Worten einen eindeutigen Sinn zu geben.

So sah er nicht ein, »was es bedeuten soll, wenn vom ›Sinn des Lebens‹ gesprochen wird. Das Wort ›Sinn‹ soll doch immer eine Verbindung herstellen zwischen dem, um dessen Sinn es sich handelt, und etwas anderem, etwa einer Absicht, einer Vorstellung, einem Plan«, wie er sich einmal ausgedrückt hat, um fortzufahren:

»Aber das Leben – damit ist doch das Ganze gemeint, auch die Welt, die wir erleben, und da gibt es doch nichts anderes, mit dem wir es verbinden könnten.« Bohr sah deshalb nur eine Möglichkeit, diesen Begriff sinnvoll zu verwenden:

»Der Sinn des Lebens besteht darin, dass es keinen Sinn hat zu sagen, dass das Leben keinen Sinn hat. So bodenlos ist eben dieses ganze Streben nach Erkenntnis.«

Nur die Sprache bewahrt uns vor dem Absturz in einen bodenlosen Schacht. Aber in ihr sind wir nicht nur gefangen. In ihr sind wir auch frei, Gleichnisse zu verwenden.

Die Quantenmechanik betrachtete Bohr als Beispiel für den Fall, »dass man einen Sachverhalt in völliger Klarheit verstanden haben kann und gleichzeitig doch weiß, dass man nur in Bildern und Gleichnissen von ihm reden kann«. Gerade diese Eigenschaft der neuen Physik erinnerte ihn an die Weisheit der Chinesen, die die Wahrheit nur in Erzählungen und Anekdoten aussprachen.

In diesem Zusammenhang erzählte Bohr gern die Legende von den drei Philosophen, denen ein Schluck Essig (»Lebenswasser« auf Chinesisch) mit der Frage gereicht wurde, wie er ihnen schmecke. Der erste sagte: »Es ist sauer.« Der zweite sagte: »Es ist bitter.« Der dritte sagte: »Es ist frisch.«

Die letzte war die Antwort von Laotse. Ihr und ihm gehörte Bohrs Sympathie.

PAULIS ZWEIFEL

Der Name des Physikers Wolfgang Pauli (1900–1958) löst bei vielen Zeitgenossen nur ein fragendes Achselzucken aus. Dies ist kein ermutigendes Zeichen für den Stand unserer Kultur und die Bildung der Intellektuellen.

Als Pauli im Jahre 1945 den Nobelpreis für Physik zugesprochen bekam, veranstalteten seine Kollegen am legendären Institute for Advanced Studies in Princeton (New Jersey) ein Bankett zu seinen Ehren. An diesem Abend war auch Albert Einstein zu Gast. Gegen Ende der Veranstaltung erhob sich der große Mann der Physik von seinem Platz, um eine Tischrede zu halten. In ihrem Verlauf sprach Einstein von Pauli als seinem »geistigen Sohn«, und er hoffte, in ihm seinen Nachfolger in Princeton zu sehen. Die anwesenden Fachleute applaudierten enthusiastisch. Ihrer Ansicht nach konnte sich nur Pauli als Physiker mit Einstein messen. Viele äußerten sogar die Auffassung, dass Pauli bei philosophischen Themen eher noch mehr zu sagen habe. Man hoffte, dass Pauli Einsteins Wunsch erfüllen und in Princeton bleiben würde, also dort, wo er die Jahre des Zweiten Weltkriegs verbracht hatte, ohne sich an irgendeiner »Kriegsphysik« zu beteiligen.

Der Mut zur Nachtseite

Wie kommt es, dass der Name Pauli in Fachkreisen höchste Bewunderung auslöst, während er in der Öffentlichkeit unbekannt bleibt? Eine Antwort auf diese Frage könnte lauten, dass es viele Jahre hindurch keine leicht zugängliche Quelle gab, aus der Paulis Beitrag zum abendländischen Denken zu erfahren war. Einsteins ebenbürtiger Partner Pauli ist tatsächlich der einzige unter den großen Physikern, dessen Lebenslauf im 20. Jahrhundert lange Zeit unbeschrieben geblieben ist (und es war der Autor dieser Zeilen, der zum 100. Geburtstag Paulis daran etwas geändert hat).

Wer den Grund dafür erkunden will, trifft bald auf ungewöhnliche Komponenten seines Denkens und inneren Erlebens. Pauli hat neben dem Einfluss der bewusst operierenden Tagseite des Verstands auch die unbewusst eingreifende Nachtseite der Wissenschaft mit ihren Träumen berücksichtigt und versucht, die von hier aus fließenden Quellen der Erkenntnis dingfest zu machen. Sie schienen ihm wichtig, seit er durch die Erfahrungen der ersten Hälfte des 20. Jahrhunderts gelernt hatte, wie unzureichend der auf sich allein gestellte Sachverstand der Experten sein kann. Er braucht ein Gegengewicht, und zwar in der Praxis ebenso wie in der Theorie:

»Nach meiner Ansicht ist es nur ein schmaler Weg der Wahrheit (sei es eine wissenschaftliche oder sonst eine Wahrheit), der zwischen der Scylla des blauen Dunstes von Mystik und der Charybdis eines sterilen Rationalismus hindurchführt. Der Weg wird immer voller Fallen sein, und man kann nach beiden Seiten abstürzen«, wie es in einem Brief von 1954 heißt.

Pauli übersah keineswegs »die drohende Gefahr eines Rückfalls in primitivsten Aberglauben«, und er betonte, »dass alles darauf ankommt, die positiven Resultate und Werte der Ratio festzuhalten«. Er ahnte aber auch, dass die wissenschaftliche Rationalität ihr Gegenstück brauchte, um Sturzgefahren zu vermeiden und das Gefühl der Sicherheit aufkommen zu lassen. In Paulis Weltbild war kein Platz für Einseitigkeiten. Er betrachtete es »fast wie ein Dogma, dass Gegensatzpaare symmetrisch behandelt und bewertet werden müssen«, wie er kurz vor seinem Tode schrieb. »Hierzu gehört auch das Paar Geist-Materie«, das im 17. Jahrhundert – durch René Descartes – getrennt worden war. Pauli faszinierte, dass die Atomphysik des 20. Jahrhunderts dabei war, seinen Schnitt wieder aufzuheben.

Der Quantensprung

Die neue Physik und Pauli sind im gleichen Jahr 1900 zur Welt gekommen: Pauli im Frühling – genauer am 25. April in Wien – und die Quantenphysik im Herbst. Im Oktober 1900 entdeckte Max Planck in Berlin die unaufhebbare Lücke in den Grundgesetzen der klassischen Physik, die in den kommenden Jahrzehnten das dazugehörige Gedankengebäude umstürzen sollte. Diese Lücke – das Planck'sche Quantum der Wirkung – gehört heute als Quantensprung fest zum Grundbestand von fortschrittlich gedachten Festreden.

Die mit einem Quantensprung verbundene Unstetigkeit wirkte zunächst schockierend, weil sie beim Austausch der Energie von Licht und Atomen (Materie) ins Spiel kam und dazu führte, dass man diese drei Grundgrößen der Physik mit neuen Augen sehen musste, um ihre Wirkungsweise – ihre Wirklichkeit – zu verstehen: Das Licht konnte nur in einer Doppelrolle als Welle und Teilchen erfasst werden, der Energie verblieb nicht mehr in jedem Zeitpunkt ein definierbarer Wert. Die Atome verloren den Status, Dinge zu sein. Den Physikern gingen die Gegenstände verloren, und sie mussten sich im Innersten der atomaren Welt mit Wahrscheinlichkeiten und Unbestimmtheiten zufriedengeben.

Als Pauli Plancks Quantum kennenlernte, erlebte er nicht nur einen Schock über diese Umwertung aller Werte, sondern ihn befiel zugleich die Ahnung, dass die Physiker dadurch auch etwas gewinnen konnten. Der Weg zur Quantenphysik stellte für ihn die Chance dar, eine neue Wissenschaft zu formen, in der Ganzheit eine konkrete Bedeutung bekommt und Beobachter und Beobachtetes verbunden sind. Aus diesem Grund erkundete Pauli die Verbindung zwischen Physik und Psychologie, die ihn auch deshalb interessierte, weil er nicht glauben wollte, dass die Quantenmechanik ohne Zutun eines Unbewussten auftauchen und den Weg ins Licht des Bewusstseins finden konnte.

Das Wunderkind

Wie erwähnt, war Pauli in Wien geboren worden. Sein aus Prag stammender Vater hatte – als assimilierter Jude – eine medizinische Karriere an der Universität gemacht und den berühmten Physiker und Philosophen Ernst Mach kennengelernt, der Taufpate des Sohnes wurde. Mach wirkte bei diesem christlichen Ritual offenbar nachhaltiger als der Geistliche, weshalb Pauli später davon gesprochen hat, er sei »antimetaphysisch statt katholisch getauft« worden.

Pauli erlebt zwar eine wohlumhegte Kindheit an der Seite seiner (journalistisch tätigen) Mutter Bertha, doch nach der Geburt einer Schwester wird er eigenbrötlerisch. Der Knabe eignet sich bis zum 18. Lebensjahr all das mathematische und physikalische Wissen an, das er braucht, um in diesen jungen Jahren gleich drei Abhandlungen über die allgemeine Relativitätstheorie zu schreiben.

Welch ungewöhnliche und besondere Leistung hier vorliegt, wird klar, wenn man sich vor Augen hält, dass Einsteins große Arbeit zu diesem Thema erst 1915 erschienen und damals selbst von vielen erwachsenen Physikern kaum verstanden worden ist. An den frühen Publikationen Paulis erstaunt darüber hinaus, dass der Teenager es riskiert, Zweifel an der Bedeutung physika-

lischer Grundbegriffe zu äußern. Er schlägt als Erster sogar vor, Grenzen ihrer Anwendbarkeit anzunehmen und
zum Beispiel nicht von elektrischen Feldern in Atomen
oder Umlaufbahnen von Elektronen zu reden.

Der körperlich nicht besonders groß gewachsene
Pauli studiert von 1918 an in München Physik bei Arnold
Sommerfeld, dem zeit seines Lebens hochverehrten Lehrer. Pauli promoviert 1921 und verlässt danach sein ver-
trautes Umfeld, um kurze Gastspiele in Göttingen, Hamburg und Kopenhagen zu geben. Hier lernt er Niels Bohr
kennen. Zwischen beiden entwickelt sich eine lebens-
lange Freundschaft. Nach den Wanderjahren kehrt Pauli
an die Elbe zurück, um fünf Jahre lang in Hamburg zu
bleiben. 1924 unterbreitet er einen Vorschlag, der ihm
am Ende des Zweiten Weltkriegs den Nobelpreis ein-
bringen wird. Die Idee wird heute in den Lehrbüchern
als »Ausschließungsprinzip« geführt und häufig »Pauli-
Prinzip« genannt.

In einfachster Form ausgedrückt erkennt Pauli, dass
zum Beispiel Elektronen in einem Atom nicht jeden Zustand annehmen können. Es gibt vielmehr die Einschrän-
kung, dass ein Elektron von dem Zustand ausgeschlossen ist, den ein anderes Elektron schon besetzt hat. Mit
anderen Worten: Elektronen verhalten sich wie Individu-
alisten (im Gegensatz zu den Teilchen des Lichts, die alle
den gleichen Zustand einnehmen und dann zum Beispiel
als sichtbarer Lichtstrahl in Erscheinung treten können).

So leicht und selbstverständlich sich dies heute anhört, so schwierig war es, diesen Gedanken durchzusetzen. Pauli ging nicht nur über das hinaus, was die Phy-

siker von den Elektronen wussten, er brach zudem mit
einer uralten Tradition: Die Quantenmechanik erlaubt
den Mitspielern auf der atomaren Bühne nur diskrete –
das heißt durch Quantensprünge getrennte – Zustände,
die man durch geeignete Quantenzahlen charakterisiert.

Für ein Elektron reichten den Physikern drei Quantenzahlen, bis Pauli eine vierte hinzufügte. Der Vorschlag
erhielt seine besondere Qualität dadurch, dass Pauli ausdrücklich darauf verzichtete, diese neue Zahl wie die alten zu behandeln und durch eine klassisch-physikalisch
verständliche Eigenschaft wie die Geschwindigkeit zu
veranschaulichen. Er empfahl seinen Kollegen dringend,
alle entsprechenden Bemühungen zu unterlassen. Der
von ihm vorgeschlagene Freiheitsgrad des Elektrons sollte »eine klassisch nicht beschreibbare Art von Zweideu-
tigkeit« erfassen. Pauli verbot den Atomen, anschaulich
zu sein, und sie haben sich daran gehalten.

Dies erscheint zwar wie Wahnsinn, aber es hatte
Methode. Tatsächlich hat sich Paulis neue Quantenzahl
glänzend bewährt. Sie handelt von dem, was seit dieser
Zeit unter dem Namen »Spin« bekannt ist. Wie wichtig
der Elektronenspin ist, weiß jeder Chemiker, der versucht, Bindungen zwischen Atomen und das Entstehen
von Molekülen zu erklären. Ohne Hilfe des Spins käme
er nicht zurecht. Ohne Paulis Quantenzahl gäbe es keine
Moleküle – und damit auch keine Möglichkeit, Leben zu
schaffen –, wobei mit diesen Einsichten nur neue und
wundersame Geheimnisse mit dazugehörigen Fragen
aufscheinen, wie sicher nicht eigens betont zu werden
braucht.

Professor mit Neurose in Zürich

1928 nimmt Pauli einen Ruf der Eidgenössischen Technischen Hochschule (ETH) in Zürich an und siedelt in
die Schweiz über, wo er – abgesehen von Reisen und
Forschungsaufenthalten in den USA – den Rest seines
nicht allzu langen Lebens verbringt, das bereits am
15. Dezember 1958 zu Ende geht.

Der Wechsel nach Zürich geht mit dem Beginn einer
Neurose einher, wie Pauli seinen damaligen Gemüts-
zustand nennt. Sein Vater empfiehlt, Kontakt mit Carl
Gustav Jung aufzunehmen. Pauli begibt sich bei ihm
in Behandlung. Von der Begegnung profitieren beide.
Jung nutzt Paulis Träume, um eine Theorie ihrer Deutung zu entwickeln.

Pauli geht es darum, seinen Zynismus abzulegen,
der ihm unter Kollegen den Beinamen »der fürchterliche
Pauli« eingetragen hatte. Er liebte es, in wissenschaftlichen Arbeiten Fehler aufzuspüren. Positiv gewendet
machte ihn dieser Charakterzug zum »Gewissen der
Physik«, weil Pauli klarer und schneller als jeder andere
in der Lage war, zwischen Sinn oder Unsinn der mehr
oder weniger »verrückten« Vorschläge zu unterscheiden,
die damals an der Tagesordnung waren.

Die Lebenskrise unterbricht Paulis Kreativität nicht.
1930 wendet er sich mit einem unter Physikern berühmten Vorschlag an seine Kollegen, die er als »Liebe
Radioaktive« anredet, weil sie die entsprechenden Erscheinungen der Materie untersuchen. Zu einer Zeit, als

nur Elektronen und Protonen bekannt sind – das Neutron wird erst im Jahre 1932 entdeckt –, kommt Pauli beim Studium einer Form der Radioaktivität zu dem Schluss, dass sich die unterschiedlichen Energien, die bei diesem Zerfallsprozess freigesetzt werden, nur erklären lassen, wenn ein bislang unbekanntes Teilchen mit in die Rechnung aufgenommen wird.

Pauli sagt voraus, dass das hypothetische Gebilde im Wesentlichen als Träger der unanschaulichen Zweiwertigkeit existiert. Es ist quasi ein Nichts mit Spin, das kaum Wechselwirkungen mit anderer Materie eingeht. Deshalb bietet Pauli eine Wette darüber an, dass sein experimenteller Nachweis niemals gelingen werde. Die Wette geht verloren, denn die Existenz der von ihm postulierten und heute unter dem Namen *Neutrinos* bekannten Teilchen konnte sehr wohl nachgewiesen werden, und zwar im Jahre 1956 – also noch zu Lebzeiten Paulis.

Den Mut zu der Neutrino-Hypothese gewann er aus der Grundüberzeugung, dass es im Reich der physikalischen Gesetze symmetrisch zugeht: Aus der Symmetrie der Naturgesetze folgt mit mathematischer Sicherheit die Gültigkeit von Erhaltungssätzen, und hieran hielt Pauli unerschütterlich fest. Er glaubte so felsenfest an die Erhaltung der Energie, dass in ihm die Frage nach der Quelle für diese Einstellung aufkam. Wenn die Energie nur ein äußerlicher Parameter war, wie konnte er innerlich auf ihre Konstanz vertrauen?

Der wissenschaftliche Briefwechsel

Die Antwort konnte nicht im Bereich des Bewussten oder des Rationalen gefunden werden. Pauli lenkte deshalb seine Aufmerksamkeit auf die zahlreichen Träume, die ihn Nacht für Nacht beschäftigten und die er ausführlich mit C. G. Jung erörterte. Zwischen beiden entwickelte sich ein wissenschaftliches Gespräch in Briefform, das lange Zeit hindurch unbekannt geblieben und erst in den 90er-Jahren publiziert worden ist. Paulis Traumleben ist besonders aktiv, seit er im Jahre 1934 zum zweiten Mal geheiratet hat. Die kinderlos bleibende Ehe hält zwar, was sich Pauli von ihr verspricht, aber es könnte sein, dass Franca Pauli, geb. Bertram, ihren Mann über seinen Tod hinaus behütet und so dafür gesorgt hat, dass viele ihr unpassend erscheinende Briefe niemals an die Öffentlichkeit gelangten.

Pauli war ein ungeheuer fleißiger Briefschreiber. Das erhaltene Material wird seit den Siebzigerjahren ediert. Sein *Wissenschaftlicher Briefwechsel mit Bohr, Einstein, Heisenberg und andern* umfasst schon länger viele Bände mit weit mehr als 5000 Seiten, und ein Ende ist noch lange nicht in Sicht. Um ein Beispiel für die Vielfalt der Gedanken zu geben, die Pauli in seinen Briefen freigiebig anbietet, sei aus der Antwort zitiert, die er auf die Frage seines Mitarbeiters und späteren Nachfolgers in Zürich, Markus Fierz, gibt, der seinen Lehrer nach der Triebfeder seines Tuns gefragt hat. Pauli antwortet:

»Warum wir in der Physik die Natur erforschen? Die Alchemie sagte, ›um uns selbst zu erlösen‹, was durch die Herstellung des Lapis philosophorum [des Steins der Weisen] ausgedrückt wurde. Jungianisch formuliert wäre das die Herstellung eines ›Bewusstseins vom Selbst‹ bzw. eines ›bewussten Zustandes des Selbst‹. Nun ist dieses nicht nur licht, sondern auch dunkel und muss als Totalität auch den Willen zur Macht über die Natur mit enthalten, den ich als eine Art böse Hinterseite der Naturwissenschaften auffasse, die sich von dieser nicht abtrennen lässt. Aber die Antwort auf die gestellte Warum-Frage wird immer das den Rationalisten verhasste Wort Heilsweg bleiben, gegen das man sich vergeblich sträubt.«

In dem Zitat fallen der Heilsweg und die Hinterseite auf, welche auch oft Schattenseite genannt wird und von der schon die Rede war. Pauli hatte im Laufe seines wissenschaftlichen Lebens erleben müssen, wie die technischen Entwicklungen des 20. Jahrhunderts – Stichwort: Atombombe – das ethische Fundament der abendländischen Tradition, die wir »mathematische Naturwissenschaft« nennen, unglaubwürdig gemacht haben.

Der oben angesprochene Wille zur Macht, der an das berühmte Diktum »Wissen ist Macht« erinnert, hat sich spätestens im Verlauf des Zweiten Weltkriegs verselbstständigt und von dem eigentlichen – sprich humanen – Ziel der Naturforschung entfernt. Die Rationalität hat dabei Schiffbruch erlitten, wie Pauli am eigenen Leib in Form seiner Psychose erfährt und wie sich heute weltweit an der Umweltzerstörung zeigt.

Die Frage muss also dringend beantwortet werden, wie hier im Rahmen westlicher Wissenschaft Abhilfe zu schaffen ist. An dieser Stelle kann nicht oberflächlich reagiert werden, denn immerhin geht seit den Tagen der Bombe die alte und von Sokrates begründete Gleichung nicht mehr auf, der zufolge das Rationale identisch mit dem Guten ist. Was die Griechen vor mehr als 2000 Jahren noch annehmen durften und was der europäischen Wissenschaft lange Zeit hindurch eine ethische Grundlage gab, können wir nicht mehr glauben, nachdem der wissenschaftliche Sachverstand geplant und gezielt das Böse hervorgebracht hat.

Paulis Vorschläge für einen Ausweg aus diesem Bruch zwischen dem Rationalen und dem Guten greifen stets auf sein ungebrochenes Verlangen nach Symmetrie zurück. Ihm scheint, dass das christliche Abendland aufhören muss, die »chthonische [irdische], instinktive Weisheit« zu verachten, die mit dem Erleben von Schönheit in der Natur zu tun hat. Ethik kommt nicht zustande, wenn wir in abgehobenen geistigen Sphären argumentieren und die Ehrfurcht vor dem Leben beschwören. Moralisches Handeln fließt uns aus natürlichen (materiellen) Quellen zu. Es entspringt der Wahrnehmung des anderen und den dazugehörenden Besonderheiten.

Pauli scheint es darüber hinaus für möglich zu halten – an dieser Stelle kommt der erwähnte Heilsweg ins Spiel –, dass Erfüllung sowohl im Denken wie im Fühlen gefunden werden kann. Mit dem als komplementär verstandenen Paar »Denken und Fühlen« greift Pauli auf die von C. G. Jung eingeführte Typologie der psychischen Qualitäten (Funktionen) zurück, wobei ihm wichtig ist, dass in psychologischer Sicht das schwächere der beiden Vermögen in einem Individuum die Verbindung zum Unbewussten herstellt. Für Pauli ist selbstverständlich, dass zum wissenschaftlichen Tun eines Menschen »das gesunde Funktionieren des Unbewussten« ebenso beiträgt wie die Arbeit von Verstand und Vernunft. Er geht sogar so weit, das ständig wiederholte Nachdenken über einen Gegenstand als grundlegende wissenschaftliche Methode zu bezeichnen, und zwar deshalb, weil dieser Vorgang so lange fortgesetzt wird, bis das Unbewusste ausreichend aufgewühlt ist und den betroffenen Menschen zu plötzlicher Klarheit führen kann.

Das harmonische Zusammenfinden von Bewusstsein und Unbewusstem als Mittel der Erkenntnis galt für Pauli nicht nur als sein persönliches Ziel. Vielmehr sah er hierin eine allgemeine Aufgabe für den abendländischen Menschen. Als zum Beispiel der Philosoph Karl Jaspers in Paulis Todesjahr 1958 sich Gedanken über »Die Atombombe und die Zukunft des Menschen« machte, stellte auch er fest, dass die Rationalität in eine Sackgasse geraten sei, und zwar deshalb, weil sie nur nach der Machbarkeit frage und Verfügungswissen ohne Orientierungshilfe erzeuge.

Jaspers hoffte, dass die Menschen bald lernen würden, mit ihrer Vernunft den Sachverstand zu lenken und einen Ausweg aus der festgefahrenen Situation zu finden. Pauli fand die Analyse zwar richtig, traute aber nicht der Vernunft allein. Für ihn kam nur die Besin-

nung auf komplementäre Gegensatzpaare infrage, wie
er es ausdrückte, und er meinte damit das Bewusstsein
und das Unbewusste, das Denken und das Fühlen, die
Vernunft und den Instinkt, den Logos und den Eros. Aus
der Tatsache, dass die eine Hälfte dieser Liste auch nicht
im Ansatz eine Rolle in der Wissenschaft spielt, erkennt
Pauli, wie sehr sich das westliche Denken selbst im Weg
steht und in seiner Einseitigkeit blockiert.

Hintergrundsphysik

Was befindet sich im Unbewussten, das zur Erkenntnis
benötigt wird? Was und wie tragen seine Inhalte zur Klarheit des Wissens bei? Auf diese Fragen versucht Pauli im
Jahre 1948 in einem lange Zeit unpublizierten Manuskript mit dem Titel *Hintergrundsphysik* zu antworten.
Es ist erst 1992 in Verbindung mit dem Pauli-Jung-Brief-
wechsel veröffentlicht worden.

Es geht dabei um physikalische Grundbegriffe wie
Atom, Atomkern, Energie, Welle und Radioaktivität. Pauli schlägt vor, hierin keine rationalen Konstrukte, sondern archetypische Symbole zu sehen. Ausgangspunkt
war Paulis grundsätzliche Skepsis gegenüber einer Logik
der Forschung. Es amüsierte ihn bestenfalls, wenn jemand meinte, »dass Theorien durch zwingende logische
Schlüsse aus Protokollbüchern abgeleitet werden, eine
Ansicht, die in meinen Studententagen noch sehr in Mo-
de war«, wie es in einem Aufsatz über »Phänomen und
physikalische Realität« heißt, in dem präzisiert wird:

»Theorien kommen zustande durch ein vom empirischen Material inspiriertes Verstehen, welches am besten im Anschluss an Plato als zur Deckung kommen von inneren Bildern mit äußeren Objekten und ihrem Verhalten zu deuten ist. Die Möglichkeit des Verstehens zeigt aufs Neue das Vorhandensein regulierender typischer Anordnungen, denen sowohl das Innen wie das Außen des Menschen unterworfen ist.«

Mit einer »typischen Anordnung« meint Pauli das, was in der Sprache der Psychologie *Archetypus* heißt und bei C. G. Jung zum kollektiven Unbewussten gerechnet wird. Der Archetypus erlaubt es, die tiefen Beziehungen zwischen der menschlichen Seele und der real gegebenen Materie herzustellen, ohne die wir gar nicht in der Lage wären, Begriffe zu erfinden, die auf die Natur passen. In diesem Bild treten die physikalischen Gesetze als äußere und die Begriffe als innere »Projektionen« archetypischer Qualitäten auf.

Erkenntnis kann gelingen, nachdem die menschliche Wahrnehmung äußere Formen in innere Bilder verwandelt hat, die jetzt auf andere innere Bilder treffen, welche wie die platonischen Ideen als Vorgabe für den Menschen existieren und seinen Erkenntnishorizont definieren. Die Bilderströme kommen zur Kongruenz. Dies ist möglich, weil sie eine gemeinsame archetypische Ebene haben, von der sie ausgehen.

Pauli beharrt auf der skizzierten »Wesensidentität von Innen und Außen«, die er im Übrigen bei Goethe findet, dem sie selbstverständlich ist, denn »nichts ist drinnen, nichts ist draußen, denn was innen, das ist außen«. Pauli stuft die Übereinstimmung der inneren und äußeren Sphäre »als die bleibende Wahrheit hinter jeder Ontologie« ein, die das »Ziel aller Wissenschaft bleiben« muss. Das Aufregende seiner eigenen wissenschaftlichen Entwicklung besteht für ihn darin, dass mit der Quantenmechanik »ein allererster, noch recht kleiner Schritt unserer abendländischen Naturwissenschaft in Richtung auf eine solche Mitte getan ist«. Er besteht in der Abkehr der Theorie »von der gewöhnlichen Kausalität im engeren Sinne und ihrem Miteinbeziehen des Beobachters in eine symbolische Wirklichkeit«.

Die Quantenmechanik ist also aus vielen philosophischen Gründen etwas völlig Neues, wie Pauli zu betonen nicht müde wird: »In der Quantenmechanik wird sich der Physiker zum ersten Mal bewusst, dass er nunmehr auch ›natura naturans‹ spielt (dass er ›schaffendes Naturprinzip‹ und nicht nur geschaffene Natur ist [natura naturata]) – kein Wunder, dass es erst einmal schiefgeht – denn aller Anfang ist schwer.«

Das »Schiefgehen« bezieht sich auf die Schwierigkeiten, die zahlreiche Physiker, wie zum Beispiel Einstein, mit der Wirklichkeit der Quanten und ihrer philosophischen Lektion hatten und haben. Die genannten Anfangsschwierigkeiten scheinen erst in unseren Tagen in ein Gelingen überzugehen, und zwar in Form der Antwort, die Physiker heute auf die Frage geben, wie denn das wirklich Unteilbare (Elementare) im Innersten der Dinge zu seinen Eigenschaften kommt. Wie kann zum Beispiel ein Elektron Masse *und* Ladung (und mehr) haben, wenn es ein Gebilde ohne jede Teile ist?

Nach dem letzten Stand der Wissenschaft werden solche Eigenschaften, die man aus dem Inneren erwarten würde, durch das Außen erklärt, das sich durch Wechselwirkungen bemerkbar macht. Die Welt formt etwas, von dem sie zugleich selbst geformt wird. Die physikalische Natur ist *natura* und *naturans* zugleich. Innen und Außen fügen sich dem Wesen nach zusammen. Die Welt ist ein Ganzes, und die Physiker gehören dazu – ganz so, wie Pauli es gesagt hat.

Bemerkungen zum lieben Gott

Natürlich finden sich in Paulis Briefen und anderen Texten zahlreiche Anmerkungen zu der Idee, die wir »Gott« nennen. Viele davon klingen zynisch – wie etwa die folgende Notiz:

»Dass Newtons Gottheit sich in 24-stündigem Arbeitstag damit abmüht, die Zeit und dazu auch noch den absoluten Raum zu produzieren (für schlechten Lohn; ein paar schmeichlerische Lobsprüche und auch noch ein paar Flüche dazu), bloß um des zweifelhaften Vergnügens willen, allgegenwärtig sein zu können – nun, das ist nicht nur ein Anthropomorphismus, das ist einigermaßen grotesk – (wenn man nicht gerade soeben den absoluten Raum und die absolute Zeit in die Mechanik eingeführt hat).«

Und als Pauli dem leidenschaftlichen Plädoyer eines atheistischen Physikers zuhört, scheint es ihm angemessen, dessen Ansichten in dem Satz zusammenzufassen: »Es gibt keinen Gott, und ich bin sein Prophet.«

Als ein raffiniertes Experiment in New York 1957 zeigen konnte, dass Neutrinos keine symmetrische Verteilung ihres Spins zeigen, sondern sich in ihrer Mehrzahl linksherum drehen, kommentierte Pauli diese Beobachtung mit der Bemerkung: »Gott ist doch ein schwacher Linkshänder«, und zwar einer, der in der linken Hand das Positron und in der rechten Hand das Elektron hält, wobei die Menschen »seine Gründe« leider nicht kennen.

Nietzsche hat bekanntlich den Tod Gottes verkündet. Da konnte Pauli ihm nur zustimmen. Er wusste nichts mit einem Gott anzufangen, der mehr als die »Ordnung im Kosmos« war, und er konnte sich nur wundern, wenn ihm ein menschenähnliches Bewusstsein zugeschrieben werden sollte. Entsprechend empfand Pauli das Christentum mit einem Gott, der zugleich allmächtig und (ausschließlich) gut sein sollte, als viel zu willkürlich. Und der »launische Tyrann Jahwe« der Juden schien ihm ebenfalls intellektuell nicht vertretbar. Deshalb »bleibt mir nur das Ausweichen nach Osten (China und Indien) übrig«, wie er in Briefen geschrieben hat. Bei den entsprechenden geistigen und körperlichen Ausflügen nahm ihn der ungeheure Umfang des *West-Ost-Problems* gefangen, wie er die Auseinandersetzung Europa versus Indien und China nannte. Pauli brachte seine Einsichten auf folgenden Standpunkt:

»Für das Abendland charakteristisch ist die Wissenschaft und heute das Fehlen einer ihre Zwecke im seelischen Haushalt des geistigen Menschen erfüllenden religiösen Tradition. Im Osten hat man zwar keine Dogmen, aber auch keine Wissenschaft, und meines Erachtens haben die alten Aufklärer übersehen, *wie sehr beides miteinander zusammenhängt:* Die Ratio, besonders die Formulierungen in systematischen Gedankensystemen, werden im Osten überhaupt nicht hoch bewertet: Man ist *dort noch vor dem Sündenfall,* im Unschuldsstadium, in halb poetisch ausgedrückter Einheit mit der Natur.«

Pauli betont nun weiter, dass die Wissenschaft, die charakteristische Spezialität der europäischen Kultur, sich durch eine besondere Hinwendung zur äußeren Welt auszeichnet. Die Empirie feiert Triumphe, während die komplementär mögliche Abkehr vom sinnlich wahrnehmbaren Teil der Wirklichkeit, die gewöhnlich als Mystik bezeichnet wird, im Westen wenig Aufmerksamkeit auf sich lenkt. Trotzdem ist diese Art der geistigen Tätigkeit bei uns ebenso zu finden wie im Osten.

Die Mystik stellt nun – wie die Wissenschaft selbst – ein keineswegs einfach zu definierendes Tätigkeitsfeld dar. Doch kann wohl allgemein gesagt werden, dass im Rahmen dieser geistigen Grundeinstellung vielfach versucht wird, die Kluft zu überbrücken, die zwischen Mensch und Gott besteht, und eine *unio mystica* zu erreichen. Dabei ist der eine Gott gemeint, der nicht notwendig von persönlicher Natur ist und Einfluss auf das individuelle alltägliche Dasein nimmt. Ein Mystiker strebt eher danach, sich von der Welt zu lösen – etwa in Form von Ekstasen. Dies kann mit einem Verlust (einem Aufgeben) der eigenen Individualität verbunden sein.

In der abendländischen Sicht kann man bei diesem schwierigen Vorgang – wie Pauli es tut – von »der Auslöschung des Ichbewusstseins« sprechen, und genau dieses

Geschehen ist für einen in der europäischen Tradition verwurzelten Menschen eigentlich mehr oder weniger ausgeschlossen. Trotzdem: Es hat mystische Bestrebungen in der abendländischen Geistesgeschichte gegeben. Es ist eine geschichtliche Tatsache, dass in Europa »auf Perioden nüchterner kritischer Forschung« oft andere gefolgt sind, bei denen »eine Einordnung der Wissenschaft in eine umfassendere, mystische Elemente enthaltende Geistigkeit erstrebt und versucht wird«. Dies versucht Pauli in seinem Vortrag aus dem Jahre 1954 zu verstehen, und er zieht aus seiner historischen Beobachtung einen Schluss, der wie ein Bekenntnis klingt:

»Ich glaube, dass es das Schicksal des Abendlandes ist, diese beiden Grundhaltungen, die kritisch-rationale, verstehen wollende auf der einen Seite und die mystisch-irrationale, das erlösende Einheitserlebnis suchende auf der anderen Seite immer wieder in Verbindung miteinander zu bringen. In der Seele des Menschen werden immer beide Haltungen wohnen, und die eine wird stets die andere als Keim ihres Gegenteils schon in sich tragen. Dadurch entsteht eine Art dialektischer Prozess, von dem wir nicht wissen, wohin er führt. Ich glaube, als Abendländer müssen wir uns diesem Prozess anvertrauen und das Gegensatzpaar als komplementär anerkennen. [...] Indem wir die Spannung der Gegensätze bestehen lassen, müssen wir auch anerkennen, dass wir auf jedem Erkenntnis- oder Erlösungsweg von Faktoren abhängen, die außerhalb unserer Kontrolle sind und die die religiöse Sprache stets als Gnade bezeichnet hat.«

HEISENBERGS ORDNUNG

»Die große Erfindung des Abendlandes war der Gedanke einer immanenten Ordnung der Natur, deren Wirken mithilfe der ihr vorbehaltenen Begriffe systematisch verstanden und erklärt werden könne, wobei die Frage offen blieb, ob diese ganze Ordnung eine tiefere Bedeutung hat und, wenn ja, ob daraus die Existenz eines transzendenten, jenseitigen Schöpfers gefolgert werden sollte.«

CHARLES TAYLOR, *EIN SÄKULARES ZEITALTER*

Als Werner Heisenberg (1901–1976) geboren wurde, rückten die Atome in das Zentrum der wissenschaftlichen Aufmerksamkeit. Die Physiker konnten zum ersten Mal in der Geschichte nachweisen, dass es diese kleinsten Einheiten des Materiellen wirklich gibt, und sie konnten sogar messen und zählen, wie viele Atome zum Beispiel in einem Luftballon umherschwirren. Obwohl die sich ergebenden Zahlen unvorstellbar groß – die Objekte der Begierde selbst also unvorstellbar klein – sind, machten sich die Forscher von nun an mit optimistischem Schwung an die Aufgabe, mehr Details aus der Welt der Atome zu erkunden. Sie wollten verstehen, wie sie aufgebaut sind und aussehen, und sie hofften, dies auf dem Boden der klassischen Physik tun zu können, die sich seit vielen Hundert Jahren bewährt hatte.

Die Physiker der Jahrhundertwende konnten weder wissen noch ahnen, dass ihnen dieses Unterfangen vollständig misslingen sollte und sie gezwungen sein würden, eine völlig neue Physik zu schaffen, um die Atome verstehen zu können. Sie konnten erst recht nicht wissen, dass der Urheber des neuen Denkens in der Wissenschaft gerade erst geboren worden war und zunächst noch heranwachsen und studieren musste, bevor er ihnen die wissenschaftliche Basis lieferte, auf der sich eine Theorie der Atome errichten ließ.

Sehnsucht nach Ordnung

Die Welt der Physik mit ihren gottgegebenen Gesetzen und die Welt der Politik mit ihrer ähnlich gedachten Monarchie – sie schienen beide zu Beginn des 20. Jahrhunderts sehr fest gefügt und für die Ewigkeit errichtet. Doch als Heisenberg heranwuchs, erwiesen sowohl die staatliche als auch die wissenschaftliche Ordnung ihre

Brüchigkeit. Der Knabe und Schüler musste den doppelten Zerfall beobachten und in sich aufnehmen. Verwirrung und Auslösung traten an die Stelle von Beständigkeit und Zuverlässigkeit, und des jungen Heisenbergs wesentliche erste Erfahrungen bestanden darin, dass er sich nur auf seine eigenen Gedanken verlassen und sich nur selbst vertrauen konnte. Er entwickelte dabei ein ungeheures Selbstvertrauen.

Mit dieser Qualität gelang ihm noch vor seinem 20. Geburtstag ein erster eindrucksvoller Auftritt auf der Bühne der Wissenschaft, als er einfach den Gedanken ausprobierte, einige Elektronen könnten sich von einem Atom lösen und einen Rumpf – ein Rumpfatom – zurücklassen.

Heisenberg stand eine überragende kreative Intelligenz zur Verfügung, die er diszipliniert handhabte und mit äußerstem Fleiß trainierte. Das Wort »hochbegabt« reicht nicht aus, um Heisenbergs Talente zu beschreiben, der anscheinend spielend leicht mit den trickreichen Feinheiten der mathematischen Sprache zurechtkam, der zudem offenbar problemlos das Lateinische und Griechische erlernte und dessen hohe Musikalität ihm bald sogar erlaubte, ernsthaft über die Möglichkeit nachzudenken, sein Leben als Pianist zu verbringen.

Die Berge an Schulstoff, vor denen normal talentierte Schüler schier verzweifeln und die ihnen trotz größter Anstrengung die Grenzen der Leistungsfähigkeit aufzeigen und höchste Hindernisse aufbauen – für Heisenberg stellten sie nur leichte Vorübungen für die Phase des lockeren Aufwärmens dar. Schon früh suchte sein hochfliegender und abenteuerlustiger Geist Herausforderungen, die über das hinausgingen, was seine unmittelbare Umgebung bieten konnte.

Er entwickelte die Fähigkeit, die Techniken – sowohl der Mathematik als auch des Klavierspiels – so in sich aufzunehmen und seinen Handlungsmöglichkeiten hinzuzufügen, dass er in der Lage war, zum Kern des mathematischen Denkens und in das Reich der musikalischen Kompositionen vorzustoßen, die sich hinter diesen Techniken befinden, ihren Grund bilden und ihr Wesen ausmachen. Während sich Normalsterbliche noch mit Rechenaufgaben und Fingerübungen abmühen, war der beneidenswerte Heisenberg schon längst im inneren Bereich der Ideen angekommen, um hier die Luft des freien Geistes zu atmen und Mut für eigene Unternehmungen zu fassen.

Es lässt sich leicht vorstellen, dass jemand durch solche intensiven Erlebnisse nachhaltig beeinflusst wird. Niemand sollte sich über Heisenbergs oft unglaublich wirkende Fähigkeit zur Konzentration und sein zielstrebiges Vorgehen in geistigen Dingen wundern. Sobald er sein aus innerem Antrieb selbst gewähltes Ziel im Auge hatte und sich dem zugehörigen zentralen Bereich in der Sphäre der Ideen näherte – Heisenberg kannte nur wenige technische Schwierigkeiten, die ihn daran hindern sollten –, sobald er eine offene Frage gefunden hatte, die ihn ansprach, agierte er losgelöst von der äußeren Welt, die ihn umgab. Er war dann längst entrückt und dem zentralen Bereich auf der Spur, an dessen Ordnung er glaubte und die ihn so sehr anzog.

Ein Inselerlebnis

Historiker sprechen gerne von der alten Quanten*theorie*, die bis zum Frühjahr 1925 die Basis des Vorgehens war. So lange, bis Heisenberg sie in einer langen Nacht durchdringen und überwinden und durch etwas völlig Neues ersetzen konnte, eben die neue Quanten*mechanik*, die heute in den Lehrbüchern der Physik steht und seinen Namen trägt.

Um genau zu sein, muss man erwähnen, dass es zwei Versionen dieser Atomtheorie gibt, die völlig äquivalent und gleichberechtigt sind. Die zweite Fassung stammt von dem österreichischen Physiker Erwin Schrödinger. Es schmälert dessen Leistung nicht, wenn darauf hingewiesen wird, dass Schrödingers Version als Reaktion auf Heisenbergs Geniestreich zustande gekommen ist. In der konkreten Praxis, die auf bequeme Rechenverfahren mit einem weitgehend entwickelten mathematischen Apparat angewiesen ist, ziehen die Physiker Schrödingers Darstellung der Methode von Heisenberg zwar häufig vor, aber deshalb darf der entscheidende Punkt von Heisenbergs Leistung nicht vergessen werden. Er kommt auch in den Lehrbüchern nicht zum Ausdruck, die nur zusammenstellen, was Heisenberg handwerklich hinterlassen hat. Die Studierenden üben die von ihm gelieferten Griffe, ohne sich über deren Herkunft zu wundern.

Wer nur nebenbei oder oberflächlich zur Kenntnis nimmt, was Heisenberg 1925 gelungen ist, kann leicht den Eindruck gewinnen, hier hätte einer getan, was vie-

le vor ihm getan haben, nämlich eine mathematische
Gleichung, die für die behandelten Probleme nicht ganz
stimmig war, durch eine bessere zu ersetzen, die mehr
konnte als ihre Vorläuferin. Dies ist Heisenberg zwar auch
gelungen. Der entscheidende Aspekt seiner Leistung besteht aber darin, dass er nicht nur eine neue Gleichung,
sondern eine ganz neue Art von Gleichung aufgestellt
und mit ihr der mathematischen Beschreibung der Natur eine neue Dimension gegeben hat. Das Erschließen
dieser neuen Dimension stellt den eigentlichen Geniestreich in der Wissenschaft des 20. Jahrhunderts dar. Für
ihn werden andere Qualitäten als Fachverstand, Rationalität und technisches Vermögen benötigt, die Heisenberg
selbstverständlich zur Verfügung standen.

Wer einen Vergleich mit der Kunst wagen will, könnte sagen, dass alle Bilder der Natur vor Heisenberg in
Schwarz-Weiß gehalten waren. Mit ihm kam die Farbe
ins Spiel. Oder wenn der Vergleich feiner und genauer
sein soll, dann kann man sagen, dass Heisenberg für
die Physik ebenso bedeutsam war wie Leonardo da Vin-
ci für die Malerei. Vor Leonardo hatten sich die Maler
darum bemüht, die Konturen eines Gesichts möglichst
genau zu zeichnen und zu zeigen. Leonardo überließ
diese Formwahrnehmung bzw. die damit verbundene
Gestalterkennung dem Betrachter selbst. Er platzierte sie
da, wo sie hingehört und stattfindet.

Da sich Heisenberg vor allen Dingen neben seiner
physikalischen Tätigkeit mit Musik beschäftigte, darf
auch mit ihrer Hilfe ein Vergleich gewagt werden. Die
für Heisenberg zeitgenössische Musik, etwa von Claude

Debussy oder Maurice Ravel, bietet das Phänomen des Farbklangs, der in der eher rhetorischen Barockmusik nicht zu finden ist. Auf dem Weg von Bach über Beethoven bis Berg werden nicht nur neue Melodien, sondern neue Musikgattungen und Harmonien kreiert. Die Musik wird sprachähnlicher, sie individualisiert sich. Vielleicht lässt sich sagen, dass Heisenberg in der Physik eine neue Art der Komposition findet. Während die klassische Physik wie ein Konzert von Bach klingt, hört man bei ihm den späten Beethoven und den frühen Schönberg. Heisenberg erspürt als Wissenschaftler den Innenraum, den Künstler kennen und nutzen, wenn sie einen neuen Griff oder einen neuen Ton finden.

Vor Heisenbergs Durchbruch handelte jede mathematische Formulierung eines physikalischen Problems von real in der Außenwelt existierenden und messbaren Größen, die wie Zahlen zu behandeln waren. Es ging in den Gleichungen zum Beispiel um Geschwindigkeiten, Massen und Volumina, und niemand erwartete, dass sich dies jemals ändern würde. Was sollten denn Naturgesetze anderes sein als Verbindungen zwischen Größen, die es in der Natur gibt?

Nach Heisenbergs Durchbruch sah die Welt anders aus. Seine Gesetze – und die Gleichungen von Schrödinger – handeln von dem, was ein Wissenschaftler über die Welt wissen kann. Die mathematische Fassung dieses Vorhabens gelingt mit Gebilden, die mehr als eine reale Dimension haben. Pointiert formuliert:

Heisenberg entdeckt, dass die grundlegenden Gesetze der Natur in Abhängigkeiten zwischen Größen bestehen, die es nicht in der realen, sinnlich zugänglichen Natur gibt. Unsere Wirklichkeit entsteht nicht aus dem Raum unserer Anschauung, sondern aus einer Sphäre heraus, die zwar an unsere Lebenswirklichkeit anschließt und über wenigstens eine Dimension Kontakt mit ihr hält. Darüber hinaus hat sie aber ihre eigene Dimension, die man mit dem inneren Auge erblicken und anschließend, wenn man sie beschreiben soll, als Tiefe oder Höhe kennzeichnen kann.

Vermutlich ist es am besten, Heisenberg selbst schildern zu lassen, was in ihm und um ihn herum vorgegangen ist, als er ganz allein und nur aus innerem Antrieb heraus der Physik ein völlig neues Ansehen und Aussehen geben konnte. Er stellt sein Erlebnis in seiner Autobiografie dar. Die entscheidenden Passagen beginnen Ende Mai 1925, als Heisenberg in Göttingen lebt und Borns Assistent ist.

Der 23-Jährige leidet in diesen ersten warmen Tagen des Jahres unter Heufieber, und die Schwellungen in seinem Gesicht nehmen so stark zu, dass er um Befreiung von seinen Dienstpflichten bitten muss. Auf ärztlichen Rat reist er für 14 Tage auf die Insel Helgoland, um sich hier – »fern von blühenden Büschen und Wiesen« – zu erholen. Auf Helgoland gelingt dann seine Großtat, wobei Heisenberg nicht erwähnt, was er neben der Beschäftigung mit physikalischen Fragen sonst noch gemacht hat:

»Geschlafen hab ich eigentlich gar nicht«, so hat er seinem Freund und Schüler Carl Friedrich von Weizsäcker erzählt, »ein Drittel des Tages habe ich die Quantenmechanik ausgerechnet, ein Drittel bin ich in den Felsen herumgeklettert, und ein Drittel hab ich Gedichte aus dem *West-östlichen Divan* auswendig gelernt.«

Vielleicht hatte Heisenberg die wohl berühmteste Zeile aus dem *Divan* – »Dieses: Stirb und werde!« aus der »Seligen Sehnsucht« – im Sinn, als er alles riskierte, um die Atome zu verstehen. Er musste die alte Theorie tatsächlich und endgültig sterben lassen, um Platz für die neue zu schaffen, die dieses Attribut auch verdiente. Heisenberg näherte sich dabei der inneren Flamme, die er als die zentrale Ordnung erkannte. Ihr galt seine Sehnsucht.

Das Erlebnis der Einheit

In den ersten Monaten des Jahres 1925 hatte sich bei Heisenberg nach langen Diskussionen mit Pauli die ihm von Anfang an sympathische Vorstellung gefestigt, »dass man gar nicht nach den Bahnen der Elektronen im Atom fragen dürfe«, um eine Theorie der Materie zu bekommen. Denn erstens lassen sich Teile des Atoms überhaupt nicht beobachten, und zweitens prallen bei den im Sprachgebrauch fest verankerten Elektronenbahnen das klassische Denken ohne Quanten und das unklassische Denken mit Quanten dauernd aufeinander. Es galt, den Versuch zu unternehmen, das Beobachtbare – die klassische Sphäre – in eine angemessene neue Form zu bringen.

Die sicherste Methode schien Heisenberg darin zu bestehen, »die Gesamtheit der Schwingungsfrequenzen

und der die Intensität der Linien bestimmenden Größen«
als vollwertigen Ersatz für die Bahnen in die Beschreibung einzuführen. Damit, so meinte er, könne man kaum
falsch liegen, denn diese Größen ließen sich »ja direkt
beobachten«, und die Aufgabe der Physik bestehe doch –
in aller Bescheidenheit – zunächst darin, richtige Voraus-
sagen über den Ausgang von Experimenten zu machen.

Heisenberg ging nun an diese Aufgabe in dem tiefen Vertrauen heran, dass es möglich sein müsse, eine
zusammenhängende Theorie der beobachtbaren Größen
– eine neue Mechanik – zu formulieren. Dabei ist im
Einzelnen Folgendes geschehen:

»In Helgoland gab es außer den täglichen Spaziergän-
gen auf dem Oberland und den Badeunternehmungen
zur Düne keinen äußeren Anlass, der mich von der Arbeit an meinem Problem abhalten konnte. So kam ich
schneller voran, als es mir in Göttingen möglich gewesen wäre. Einige Tage genügten, um den am Anfang
in solchen Fällen immer auftretenden mathematischen
Ballast abzuwerfen und eine einfache mathematische
Formulierung meiner Frage zu finden. In einigen weiteren Tagen wurde mir klar, was in einer solchen Physik,
in der nur die beobachtbaren Größen eine Rolle spielen
sollten, an die Stelle der Bohr-Sommerfeld'schen Quan-
tenbedingungen zu treten hätte. Es war auch deutlich zu
spüren, dass mit dieser Zusatzbedingung ein zentraler
Punkt der Theorie formuliert war. Von da ab blieb keine weitere Freiheit mehr. Dann aber bemerkte ich, dass
es ja keine Gewähr dafür gäbe, dass das so entstehende mathematische Schema überhaupt widerspruchsfrei

durchgeführt werden könnte. Insbesondere war es völlig ungewiss, ob in diesem Schema der Erhaltungssatz der Energie noch gelte. Ich durfte mir nicht verheimlichen, dass ohne den Energiesatz das ganze Schema wertlos wäre. Andererseits gab es in meinen Rechnungen inzwischen auch viele Hinweise darauf, dass die mir vorschwebende Mathematik wirklich widerspruchsfrei und konsistent entwickelt werden könnte, wenn der Energiesatz in ihr nachzuweisen wäre. So konzentrierte sich meine Arbeit immer mehr auf die Frage nach der Gültigkeit des Energiesatzes.

Eines Abends war ich so weit. Ich konnte darangehen, die einzelnen Terme in der Energietabelle – oder wie man es heute ausdrückt in der Energiematrix – durch eine nach heutigen Maßstäben reichlich umständliche Rechnung zu bestimmen. Als sich bei den ersten Termen wirklich der Energiesatz bestätigte, geriet ich in eine gewisse Erregung, sodass ich bei den folgenden Rechnungen immer wieder Rechenfehler machte. Daher wurde es fast drei Uhr nachts, bis das endgültige Ergebnis der Rechnung vor mir lag.

Der Energiesatz hatte sich in allen Gliedern als gültig erwiesen, und da dies ja alles von selbst, sozusagen ohne jeden Zwang herausgekommen war, konnte ich an der mathematischen Widerspruchsfreiheit und Geschlossenheit der damit angedeuteten Quantenmechanik nicht mehr zweifeln.

Im ersten Augenblick war ich zutiefst erschrocken. Ich hatte das Gefühl, durch die Oberfläche der atomaren Erscheinungen hindurch auf einen tief darunter liegenden Grund von merkwürdiger innerer Schönheit zu schauen.

Es wurde mir fast schwindlig bei dem Gedanken, dass ich nun dieser Fülle von mathematischen Strukturen nachgehen sollte, die die Natur dort unten vor mir ausgebreitet hatte. Ich war so erregt, dass an Schlaf nicht zu denken war.

In der schon beginnenden Morgendämmerung verließ ich das Haus und ging an die Südspitze des Oberlandes, wo ein allein stehender, ins Meer vorspringender Felsturm mir immer schon die Lust zu Kletterversuchen geweckt hatte. Es gelang mir ohne Schwierigkeiten, den Turm zu besteigen. Auf seiner Spitze erwartete ich den Sonnenaufgang.«

Was Heisenberg hier beschreibt, kann als mystisches Einheitserlebnis bezeichnet und verstanden werden, das durch mathematische Symbole vermittelt wird. Wir lesen von der unmittelbaren Erfahrung einer anderen Wirklichkeit, die allerdings nicht – als etwas Göttliches – höher, sondern – als etwas Ästhetisches – tiefer liegt und somit dem Säkularen verhaftet bleibt. Das visionäre Erleben lässt Heisenberg erglühen und erzeugt in ihm eine Hochstimmung, die ihn sein Leben riskieren lässt. Er wagt noch im Dunkel der Nacht die Kletterei, die er sich bislang selbst im Licht des Tages verweigert hat. Diesmal ist die »Lust« zu groß, die ein Kenner der menschlichen Psyche als Todestrieb identifizieren könnte.

Es ist also dramatisch, was Heisenberg schildert. Dabei wirkt seine Beschreibung des Inselerlebnisses beim ersten Lesen eher selbstverständlich. Doch was scheinbar mühelos abläuft und erzählt wird, lohnt einen zweiten Blick, um im Anschluss daran einige Punkte zu kommentieren.

Es fällt zum Beispiel auf, dass Heisenberg zweimal ausdrücklich nicht von einem, sondern von *seinem* Problem spricht, das er lösen will. Das heißt, er selbst hat es sich gestellt. Die Fragestellung ist in seinem Inneren angekommen, sie kommt aus ihm selbst. In solchen Fällen ist Heisenberg immer zur Hochform aufgelaufen. Seine Entscheidung für sein Problem erlaubt ihm nun, den mathematischen Ballast abzuwerfen, der das Erbe der alten Physik darstellt und sich störend auswirkt. Hier vollzieht sich das, was man emphatisch eine Reinigung nennen könnte. Er lässt sich Zeit mit ihr, um sie gründlich zu machen. Dass er sich am Ende dieser befreienden Anstrengung in einer Lage wiederfindet, in der das genaue Gegenteil der Fall ist, in der ihm »keine weitere Freiheit mehr blieb«, wie er schreibt, verwirrt zwar einen Wissenschaftler, nicht aber den Künstler, als den wir Heisenberg ansehen müssen.

Was jetzt festliegt, ist die Form, der sich jeder Künstler unterwirft – etwa die Sonatenform in der Musik oder das Bildformat (der Rahmen) in der Malerei. Die Freiheit der Kunst ist keine Beliebigkeit, sondern die Freiheit, die ein geschlossener Raum oder eine begrenzte Fläche erlaubt. Heisenberg macht die Erfahrung, die unter anderem dem zeitgenössischen Komponisten Arnold Schönberg vertraut war, der eine neue Harmonielehre für die Musik aufstellte – die Zwölftonmusik – und der von dem Augenblick spricht, in dem es keine freie Note mehr gibt.

Schönberg hat zwölf gleichberechtigte Töne, die er nach den Gesetzen der Harmonie anordnen muss. Wenn er das Gesetz kennt, bleibt ihm keine Freiheit – im Sinne von Willkür – mehr. Was für Schönberg die Noten sind, stellen für Heisenberg die mathematischen Symbole dar. Indem er das physikalische Naturgesetz sieht, bleibt seinen theoretischen Tönen keine Freiheit mehr. Er muss ihre Raumanweisung ausführen, und die »Melodie«, die dabei entsteht, ist das Gesetz der Atome. Vielleicht hat Heisenberg es sogar gehört, als er die Zeichen auf dem Papier sah.

Naturwissenschaftliche und religiöse Wahrheit

Als Heisenberg sein inneres Inselerlebnis hat, ist die äußere Welt noch in Ordnung. Sie bleibt es aber nicht lange. Dunkle politische Wolken vertreiben spätestens ab 1933 die wissenschaftliche Unbeschwertheit der heroischen Jugendjahre. Nachdem 1938 die Kernspaltung entdeckt worden ist und 1939 der Zweite Weltkrieg begonnen hat, müssen führende Physiker wie Heisenberg Aufgaben bearbeiten, die ihnen wenig zusagen und moralische Mühe machen. Heisenberg bleibt in Deutschland, aber er leidet unter den nationalsozialistischen Verhältnissen, die wenig Raum für Gedankenfreiheit lassen und dafür eine qualvolle Enge schaffen.

Im Winter 1941/42 schreibt sich Heisenberg einigen Kummer von der Seele und versucht, sich Klarheit über sein physikalisches Weltbild zu verschaffen. In einem privat bleibenden Manuskript beschreibt er die zwar verschiedenen, aber zusammengehörenden Aufgaben, die den Natur- und Geisteswissenschaften zufallen. In dem Zusammenhang ordnete er seiner Fakultät eine besondere Qualität zu, die er als ihr eigentümliches »Gut« bezeichnet. Er meint einen »auch durch die Stürme der vergangenen Jahrzehnte völlig unerschütterten Wahrheitsbegriff«. Dieser »Wahrheitsbegriff« ist für ihn »die eigentliche Grundlage für die große Bedeutung, die die Naturwissenschaft im geistigen Leben der Menschen gewonnen hat«.

Er stellt auch den zugleich tiefen und festen Grund dafür dar, dass Heisenberg sich mit Physik beschäftigt. Wie er an vielen anderen Stellen schreibt – unter anderem in seiner Autobiografie –, markieren die Fortschritte der Physik den Ort, an dem zu seiner Zeit die Menschen am ehesten der Wahrheit gegenübertreten und eine Ahnung von ihr bekommen können.

Es braucht nicht betont zu werden, was Heisenberg explizit anmerkt, dass es keineswegs einfach ist, »die Wurzel dieses Wahrheitsbegriffs bloßzulegen. Die Bewährung an der Welt der Erfahrung ist sicher nur eine von ihnen, aber es gehören zu diesem Wahrheitsbegriff noch ganz andere Elemente, etwa die Klarheit und die mathematische Einfachheit, die Widerspruchsfreiheit und Geschlossenheit und manches andere.«

So einleuchtend sich dieser Satz auch anhört, ein wenig verwunderlich ist es schon, was der rund 40-jährige Heisenberg da behauptet. Weicht er doch seltsamerweise an einer zentralen Stelle von Bohr ab, als dieser davon gesprochen hat, dass sich eine wahre Aussage dadurch charakterisieren lässt, dass auch ihr Gegenteil eine (tiefe) Wahrheit ausdrückt. In solch einem Fall – so Bohr – kann die Formulierung der Wahrheit nicht klar sein. Sie muss nicht unnötig kompliziert klingen, aber sie muss auf der sprachlichen Ebene eine Unklarheit enthalten.

Als Beispiel kann man den einfachen Satz: »Gott existiert« betrachten, der für viele Menschen sicher wahr ist, der aber keinesfalls klar ist. Stellt sich doch die Frage, was es heißen soll, dass Gott existiert. Auf welche Weise zeigt es sich überhaupt, dass dies der Fall ist? Gerade weil dies unklar bleibt, stellt auch das Gegenteil des Satzes – »Gott existiert nicht« – für viele Menschen eine Wahrheit dar.

Die Klarheit, die Heisenberg meint, tritt vielleicht weniger in Worten, sondern mehr in den sie begleitenden Bildern auf: Sie sollte sich auch in den mathematisch formulierten Naturgesetzen finden, wenn sie in eine möglichst einfache Form zu bringen sind.

»Möglichst einfach« – das klingt eher entmutigend für Menschen, die mathematisch nicht so begabt sind wie Heisenberg. Diese Einsicht darf nicht darüber hinwegtäuschen, dass mit den Formeln der Mathematik und ihren Symbolen eine Art von Bildern geschaffen wird, mit deren Hilfe es einigen Wissenschaftlern gelingen kann, den Zusammenhang der Welt zu erkunden, der sich zwar hinter den Erscheinungen verbirgt, trotzdem aber zu spüren ist.

Genau diese Aufgabe haben Heisenberg zufolge die Bilder und Gleichnisse der Religion. Sie bilden, meint er, eine Art Sprache, die ebenfalls eine Verständigung über einen Zusammenhang ermöglicht, der hinter dem Sichtbaren liegt und bei dem es in diesem Fall nicht um Erkenntnis, sondern um Werte geht. Heisenberg äußert sich über die Verbindung, die »naturwissenschaftliche und religiöse Wahrheit« aneinanderkettet, im März 1973, als ihm die Katholische Akademie in Bayern den »Romano-Guardini-Preis« verleiht. Er hält jede schlichte Vermengung für unglücklich und den Gedanken für abwegig, dass die eine Wahrheit die andere ablösen oder aus dem Weg räumen könnte.

Für Heisenberg besteht kein Gegensatz zwischen den beiden Formen der Wahrheit, sondern ein Gleichgewicht, das es allerdings aktiv zu finden gilt. Ohne dass er das Wort benutzt, stellt Heisenberg die Komplementarität als geeignete Grundlage für eine Beschreibung des Verhältnisses von religiöser und wissenschaftlicher Wahrheit dar. Zum einen handelt es sich um Dinge, über die sich Menschen wissenschaftlich und rational einigen können, zum anderen um Dinge, die für Menschen etwas bedeuten und wertvoll sind. In einem Fall – so könnte man für Heisenberg persönlich hinzufügen – berechnen wir Streuquerschnitte von atomaren Stoßprozessen und kommen zu einem prüfbaren Ergebnis, und im anderen Fall spielen wir den Klavierpart eines Beethoven-Trios und verlieben uns dabei in eine Zuhörerin.

Heisenberg macht auch darauf aufmerksam, dass Naturwissenschaft und Religion komplementäre Zugangsweisen zur Welt darstellen. Er beruft sich an dieser Stelle ausdrücklich auf seinen Freund Pauli, der »in diesem Zusammenhang einmal von zwei Grenzvorstellungen gesprochen hat, die beide in der Geschichte des menschlichen Denkens außerordentlich fruchtbar geworden sind, denen aber doch keine echte Wirklichkeit entspricht. Das eine Extrem ist die Vorstellung einer objektiven Welt, die unabhängig von irgendwelchen beobachtenden Subjekten in Raum und Zeit gleichmäßig abläuft – sie war ein Leitbild der neuzeitlichen Naturwissenschaften. Das andere Extrem ist die Vorstellung eines Subjekts, das mystisch die Einheit der Welt erlebt und dem kein Objekt, keine objektive Welt mehr gegenübersteht – sie war das Leitbild der asiatischen Mystik. Irgendwo in der Mitte zwischen diesen beiden Grenzvorstellungen bewegt sich unser Denken. Die Spannung, die aus den Gegensätzen resultiert, müssen wir aushalten.«

Ein persönlicher Gott?

Wenn Heisenberg von Gott sprach, meinte er vornehmlich einen ordnenden Gott, mit dem Menschen »das Vertrauen in die zentrale Ordnung« erlangen können, von dem er hoffte, dass es sich »überall gegen Kleinmut und Müdigkeit durchsetzt«, wie am Ende seiner Autobiografie zu lesen ist. In diesem Buch berichtet Heisenberg auch von einem Spaziergang, auf dem sein Freund Pauli die Gretchenfrage stellt und wissen will: »Glaubst du eigentlich an einen persönlichen Gott?« Pauli fügt sogleich hinzu, dass es schwer sei, »einer solchen Frage einen klaren Sinn zu geben«, aber die Richtung sei doch wohl zu erkennen.

Heisenberg antwortet ausweichend mit einer Gegenfrage, in der er um eine andere Formulierung bittet, die zwar sehr unpersönlich klingt, er aber bejahen kann:

»Kannst du oder kann man der zentralen Ordnung der Dinge oder des Geschehens, an der ja nicht zu zweifeln ist, so unmittelbar gegenübertreten, mit ihr so unmittelbar in Verbindung treten, wie dies bei der Seele eines anderen Menschen möglich ist?«

Auf die darauf gestellte weitere Gegenfrage, warum Heisenberg von der Seele statt einfach von einem anderen Menschen spreche, erläutert er, dass die Seele genau das bezeichne, an das er glaube, nämlich die zentrale Ordnung, die es eben auch in jedem Lebewesen gebe, so mannigfalt und unübersichtlich es in seiner äußeren Erscheinung auch sein möge.

> *»Gottlosigkeit ist keine von der Wissenschaft aufgedeckte Eigenschaft des Universums.«*
>
> CHARLES TAYLOR, *EIN SÄKULARES ZEITALTER*

HAWKINGS
KOSMOS

Stephen Hawking hat gerade seinen 75. Geburtstag gefeiert. Wir gratulieren herzlich und bewundern neben seiner Physik auch den Lebensmut, den er trotz schwieriger Behinderungen zeigt.

Der wohl berühmteste lebende Physiker ist am 8. Januar 1942 in Oxford geboren worden – »genau 300 Jahre nach dem Tod Galileis«, wie er selbst gerne hinzufügt. Hawking hat erst in seiner Heimatstadt studiert und geht dann 1962 zur Promotion nach Cambridge. Ein Jahr später bricht bei ihm eine gravierende Nervenkrankheit aus. Sie heißt »amyotrophe Lateralsklerose« (ALS) und lässt dem 21-Jährigen nach erster Einschätzung nur wenig Lebenszeit.

Es ist zu bewundern, wie fest sich Hawking im Angesicht dieser furchtbaren Nachricht an das Leben klammert und der Wissenschaft zuwendet. Er heiratet und arbeitet sich in die allgemeine Relativitätstheorie Einsteins ein. Die Krankheit nimmt zwar ihren Lauf, aber verlang-

samt sich. Trotzdem wird Hawking bald bewegungs-
und sprechunfähig. Seit der Mitte der 1980er-Jahre hat er
seinen Geruchs- und Geschmackssinn verloren, aber er
lebt. Hawking ist an einen Rollstuhl gefesselt und kann
nur durch einen Stimmensynthesizer kommunizieren.
Seine wissenschaftlichen Qualitäten bleiben aber unbe-
einflusst.

Gemeinsam mit Roger Penrose stellt er Theorien eines expandierenden Kosmos auf, in dem Schwarze Löcher strahlen. 1983 entwickelt er – zusammen mit James
Hartle – die Idee eines Universums, das weder Ränder
noch Grenzen und auch keinen Anfang kennt.

Der Ruhm unter seinen Kollegen wächst: Hawking
erhält zahlreiche Preise, er wird Lucasian-Professor in
Cambridge und damit Inhaber des Lehrstuhls, den einst
Newton innehatte. Königin Elisabeth II. ernennt Hawking
1981 zum »Commander of the British Empire«. 1988 legt
er sein legendäres Buch über die *Kurze Geschichte der
Zeit* vor. Er wird zu einem Medienstar und versteht es,
die Marktgesetze zu nutzen.

Schwarze Löcher

Zu den bekannten Vorstellungen der Astronomie gehören die Schwarzen Löcher. Mit ihnen versuchen Physiker
zu erfassen, was unter dem Einfluss der Schwerkraft passiert, wenn zu viel Materie zusammenkommt und unter
ihrer Masse kollabiert. Erst stürzt die gewöhnliche Materie, die aus Atomen besteht, so in sich zusammen, dass

die Elektronen in den Kern gezwungen werden und sich dort mit den Protonen zu Neutronen vereinigen. In der Folge entstehen Neutronensterne, die weiter kollabieren können und sich zuletzt als Schwarzes Loch unserer Beobachtung entziehen. Die hier versammelte Gravitationskraft ist so stark, dass sie alles – selbst das Licht – an sich reißt und nichts entkommen lässt.

Stimmt das? Entkommt einem *Black Hole* tatsächlich gar nichts? 1974 behauptet Hawking, Schwarze Löcher strahlen doch etwas ab, nämlich die inzwischen nach ihm benannte »Hawking-Strahlung«. Sie begründet seinen Status als Superstar der modernen Naturwissenschaft.

Vor 1974 war Hawking ein Gegner seiner Idee. Er hielt nichts davon, die Ordnung auszurechnen, die Materie in einem kollabierten Endzustand noch besitzt. Es ging um die physikalische Größe, die als Entropie bekannt und anschaulich ein Maß für Unordnung ist, die nach den Gesetzen der Physik nur zunehmen kann. Stimmt dies bei den Schwarzen Löchern noch?

Hawking kam das zunächst unsinnig vor. Für einen Physiker ist Entropie immer mit Wärme verbunden. Wer oder was über Wärme verfügt, kann davon etwas abgeben. Genau dazu sollten aber Schwarze Löcher ihrer Natur nach nicht in der Lage sein. Was sollte das?

So dachte Hawking, bis er 1974 zu der Überzeugung kam, dass es da doch eine Strahlung geben kann. Hawking bot das ganze Arsenal der modernen Physik auf, um diese Aktivität der Schwarzen Löcher seinen Kollegen gegenüber begründen zu können. Die meisten von ihnen sind inzwischen von der Existenz der

Hawking-Strahlung überzeugt, obwohl sie so schwach ist, dass niemand mit ihrem Nachweis rechnet.

Die kurze Geschichte der Zeit

Wer in der Öffentlichkeit von Hawking redet, muss auf seinen Bestseller eingehen, der 1988 erschienen ist und in der Originalausgabe den Titel *A Brief History of Time: From the Big Bang to Black Holes* (Eine kurze Geschichte der Zeit: Vom Urknall bis zu Schwarzen Löchern) trägt.

In dem Buch geht es um große Fragen zum Universum. Was meinte Einstein, als er von der »Möglichkeit einer endlichen und doch nicht begrenzten Welt« sprach? Und lässt sich dieser Gedanke auf die Zeit übertragen? Kann man von einem Anfang der Zeit etwa im Urknall sprechen? Kann man sogar fragen, was vor dem Urknall geschehen ist?

Wer das herausfindet, könnte eine lange Geschichte der Zeit schreiben. Bislang kennen wir nur Hawkings kurze Version, in der die Erörterung fachlicher Fragen und die Schilderung persönlicher Umstände lückenlos ineinander übergehen – etwa in der folgenden Szene:

»Vor 1970 konzentrierte ich mich in meinen Arbeiten vor allem auf die Frage, ob es eine Urknall-Singularität gegeben hat oder nicht. Doch eines Abends im November jenes Jahres, kurz nach der Geburt meiner Tochter Lucy, dachte ich über Schwarze Löcher nach, während ich zu Bett ging. Meine Körperbehinderung macht diese alltägliche Handlung zu einem langwierigen Vorgang, sodass mir viel Zeit für meine Überlegungen blieb. Damals war noch nicht genau definiert, welche Punkte der Raumzeit innerhalb eines Schwarzen Lochs liegen und welche außerhalb.«

Mit diesem Zitat wird das Merkmal der »Kurzen Geschichte« deutlich. Sie ist in einem populären und etwas altväterlichen Tonfall, aber keineswegs einfach und leicht verständlich geschrieben. Kritiker haben angemerkt, dass nur ein geringer Bruchteil der Millionen Käufer des Buchs verstanden hat, wovon sein Text handelt. Zum einen mutet Hawking ihnen »Singularitäten« und andere komplizierte Konzepte mit Namen wie »Wurmlöcher« und »Ereignishorizonte« zu. Zum Zweiten werden mit diesen Konzepten unverdrossen raffinierte Verbindungen hergestellt, die Hawking so leichtfallen wie uns das Verfolgen einer Romanhandlung. Bei seiner abendlichen Verrichtung geht ihm Folgendes durch den Kopf:

»Die Grenze des Schwarzen Lochs, der Ereignishorizont, wird durch die Wege jener Lichtstrahlen in der Raumzeit festgelegt, die bei ihrem zum Scheitern verurteilten Versuch, dem Schwarzen Loch zu entfliehen, am weitesten nach außen dringen und sich für immer auf dieser Grenze bewegen.«

Und während er dies überlegt, wird ihm »plötzlich klar, dass die Bahnen dieser Lichtstrahlen nicht aneinanderrücken können, weil sie sonst schließlich ineinanderlaufen müssten«. Das versteht selbst ein Stephen Hawking so kurz vor dem Schlafengehen nicht, weshalb es mit einer immer verwickelter werdenden Kette von

Argumenten weitergehen kann, bei der eine Grund-
aussage der Thermodynamik ebenso benötigt wird wie
manche Besonderheit der Atomphysik, um zuletzt zu
der sensationellen Einsicht zu kommen, dass Schwarze
Löcher gegen jede Erwartung etwas aussenden können.
Aus ihnen treten Teilchen aus, die aber »nicht aus dem
Inneren des Schwarzen Lochs, sondern aus dem ›lee-
ren‹ Raum unmittelbar außerhalb des Ereignishorizonts«
stammen, wie sicher jeder Leser problemlos nachvollziehen kann, auch wenn er nicht Physik studiert hat. Oder?

Hawkings Buch beginnt brillant, aber seine Frische
hält sich nicht bis zum Ende der Lesezeit. Wer überlegt,
wie man viele Millionen Menschen für solche Details
begeistern konnte, wird erkennen, dass es Käufern des
Buchs weniger um den großen Kosmos, sondern mehr
um den lieben Gott ging, von dem viel die Rede ist. In
der wohl berühmtesten Passage zu diesem Thema dehnt
Hawking Einsteins Idee von einem Raum, der endlich
ist, ohne eine Grenze (und damit weder Anfang noch
Ende) zu haben, auf die Zeit aus. Er unterbreitet den
Vorschlag einer »endlichen Raumzeit ohne Grenze« und
hält ein Universum für möglich, das »in sich abgeschlos-
sen und keinerlei äußeren Einflüssen unterworfen« ist:

»Die Vorstellung, dass Raum und Zeit möglicherweise
eine geschlossene Fläche ohne Begrenzung bilden, hat
[...] weitreichende Konsequenzen für die Rolle Gottes in
den Geschicken des Universums. Als es wissenschaftlichen Theorien immer besser gelang, den Ablauf der Ereignisse zu beschreiben, sind die meisten Menschen zu
der Überzeugung gelangt, Gott gestatte es dem Univer-

sum, sich nach einer Reihe von Gesetzen zu entwickeln, und verzichte auf alle Eingriffe, die im Widerspruch zu diesen Gesetzen stünden. Doch diese Gesetze verraten uns nicht, wie das Universum in seinen Anfängen ausgesehen hat – es wäre immer noch Gottes Aufgabe gewesen, das Uhrwerk aufzuziehen und zu entscheiden, wie alles beginnen sollte. Wenn das Universum einen Anfang hatte, können wir von der Annahme ausgehen, dass es durch einen Schöpfer geschaffen worden sei. Doch wenn das Universum wirklich völlig in sich selbst geschlossen ist, wenn es keine Grenze und keinen Rand hat, dann hätte es auch weder einen Anfang noch ein Ende. Es würde einfach sein. Wo wäre dann noch Raum für einen Schöpfer?«

Als man Hawking einmal konkret und direkt darauf hingewiesen hat, dass seine kosmologischen Theorien nicht ohne eine Art Schöpfung auskommen, hat er sich gewunden und mit dem Hinweis verabschiedet, dass solch ein Ereignis nicht zur Wissenschaft gehöre und Neugierige sich an ihre Religion halten sollten, in deren Rahmen Gott seine Hand anlegen kann.

Ein komischer kosmischer Gott

Unabhängig von solch einer Ausrede: Gott beschäftigt Hawking bis zum letzten Satz seines Buchs. Er lockt seine Zuhörer förmlich mit Sätzen an, in denen er seiner Hoffnung Ausdruck gibt, dass eines fernen Tages eine vollständige Theorie der physikalischen Welt vorliege, der man dann sogar entnehmen könne, »warum es uns und das Universum gibt«. Und er fügt hinzu: »Wenn wir die Antwort auf diese Frage fänden, wäre das der endgültige Triumph der menschlichen Vernunft – denn dann würden wir Gottes Plan kennen«, wobei solch eine Formulierung zusätzlich suggeriert, dass die klugen Menschen diese Absicht verstehen und nachvollziehen können und ihnen alles klar vor Augen liegt. »Werch ein Illtum«, wie der Poet Ernst Jandl gesagt hat, nachdem ihm klar geworden war, dass die meisten Menschen weder Gottes Plan begreifen noch »lechts« und »rinks« auseinanderhalten können.

Es ist auf jeden Fall nicht zu übersehen, dass Hawking den Bereich der Wissenschaft verlassen hat und als Marketingexperte versucht, in der öffentlichen Meinung Einsteins Rolle sowohl in der ernsten Wissenschaft als auch bei ihrer Vermarktung zu übernehmen. Er greift sowohl Einsteins komplexe Theorien als auch seine schlichten Bemerkungen auf. Er tut dies im Beruf mathematisch extrem erfolgreich und im Alltag sprachlich wirklich witzig. Das berühmte Diktum Einsteins »Gott würfelt nicht!« wandelt Hawking etwa dahingehend um, dass er pfiffig sagt: »Gott würfelt nicht nur, er würfelt sogar so, dass er die Würfel dorthin rollen lässt, wo man sie nicht sehen kann.«

Auch wenn das zum Lachen ist, sein riesiger Erfolg hat Hawking noch keinen Nobelpreis und nicht nur Freunde eingebracht. Schließlich hat er sogar seine Ehe überfordert. Seine Frau wollte ihm nicht dauernd erklären, »dass er nicht Gott sei«, wie sie nach der Trennung einmal in einem Interview geäußert hat.

Unabhängig davon bleibt festzuhalten, dass hier jemand große Lebenskraft und viel Mut im Angesicht einer tödlichen Bedrohung aufbringt und zeigt, dass sich auch unter solchen Bedingungen etwas erreichen lässt. Hawking kann vielen Menschen Hoffnung machen.

MODERNE MÄTZCHEN AM ENDE

»Warum war es in unserer abendländischen Gesellschaft im Jahre 1500 praktisch unmöglich, nicht an Gott zu glauben, während es im Jahre 2000 vielen von uns nicht nur leichtfällt, sondern geradezu unumgänglich vorkommt?«

CHARLES TAYLOR, *EIN SÄKULARES ZEITALTER*

> *»Mit der Vorstellung, wir ruhten in Abrahams Schoß*
> *oder in der umfangenden Liebe Gottes, hat es meines*
> *Erachtens folgende Bewandtnis: Ja, das Leben ist hart,*
> *und wenn man sich einreden kann, das Ganze habe*
> *einen wärmenden, verschwommenen Sinn, dann*
> *ist das ein gewaltiger Trost. Ich glaube allerdings*
> *auch, dass wir uns damit etwas vormachen.«*

STEPHEN J. GOULD, ZITIERT IN *NEW YORK*
REVIEW OF BOOKS, 18. OKTOBER 2001

So populär Hawking ist und so ergreifend sein Schicksal wirkt – es ist nicht zu übersehen, dass sein Nachsinnen über Gott weder die Qualität noch die Ernsthaftigkeit kennt, die es mit dem Denken der bislang porträtierten Großen der Wissenschaft aufnehmen kann. Bei dem schwerkranken Briten finden sich eher freundliche Anmerkungen zu einem netten Gott, der uns Menschen leicht begreifbar ist. Mich wundert, dass an dieser Stelle niemand protestiert, da der Herr gerade deshalb für die ihm zugedachte Rolle ausfällt. Denn wie bereits vor fast 1000 Jahren der Mystiker Meister Eckhart formuliert hat: »Ein Gott, den ich begreife, das ist nicht Gott.«

Das Geheimnis der Gene

Den Mätzchen des Physikers stehen ähnliche Hervorbringungen von Forschern unserer Zeit zur Seite, die sich mit der Biologie beschäftigen, die etwa in Form der

Genetik zu einer Jahrhundertwissenschaft geworden ist und angeblich die Physik als Leitwissenschaft unserer Zeit ablösen konnte. Falls das so ist, muss es den lieben Gott ärgern, da er von den molekular orientierten Lebensforschern weder die nötige Aufmerksamkeit erfährt noch ausreichend intelligent behandelt wird.

Betrachten wir als Beispiel Francis H. C. Crick (1916–2004), der als die treibende Kraft der Molekularbiologie in den 1950er- und 1960er-Jahren anzusehen ist und dem die Menschen grundlegende Einsichten in die Struktur des Erbmaterials sowie den genetischen Code und seine Aufgabe verdanken.

Seine ihm offenbar angeborene Neugier und seine daraus resultierenden ständigen Fragen nach dem Warum haben seine Eltern früh veranlasst, ihm eine Kinder-Enzyklopädie zu kaufen, deren naturkundlichen Teil der Knabe verschlang. So beschloss Crick schon in sehr zartem Alter, »Wissenschaftler zu werden«, wie er in seiner Autobiografie mitteilt.

Der heranwachsende Francis gewinnt bei seinen nachfolgenden Bemühungen früh eine unerschütterliche Gewissheit, an der er sein Leben lang festhält, nämlich die, »dass detailliertes wissenschaftliches Wissen bestimmte religiöse Glaubenssätze unhaltbar macht«.

Der Teenager Crick hört noch vor dem Einsetzen der Pubertät auf, religiös zu empfinden, da große Teile der Bibel »ganz offensichtlich falsch« sind, wie er meint. Mit dieser Überzeugung sieht Crick keinen Grund, irgendetwas aus dem Buch der Bücher zu akzeptieren, und er bleibt diesem Entschluss sein Leben lang treu. Ihm ist unklar,

warum Leute noch in die Kirche gehen, wo man doch die
Wissenschaft hat, die Geheimnisse in Rätsel verwandeln
und anschließend erkunden und offenlegen kann.

Als er – zusammen mit dem Amerikaner James D.
Watson (geb. 1928) – im Jahre 1953 die ohne Zweifel
erstaunlich schöne Doppelhelix als Struktur des Erbmaterials entdeckt, verkündet er zum einen großspurig, er
habe das Rätsel des Lebens gelöst – ohne zu merken,
dass das elegante Aussehen der genetischen Moleküle,
die mit der Abkürzung DNS (für Desoxyribonukleinsäu-
re) bezeichnet werden, das Rätsel des Lebens überhaupt
erst stellt und zeigt.

An der schönen Schraube offenbaren sich dem Betrachter vor allem die Geheimnisse, die das Leben ausmachen. Das zeigt sich schlicht und einfach daran, dass
mit Watsons und Cricks Präsentation der Doppelhelix
die Wissenschaft der Molekularbiologie nicht beendet
war, sondern im Gegenteil Schwung geholt hat und eigentlich erst richtig begann. Cricks Äußerung, dass es
nach der Kenntnis der Genstruktur keine Geheimnisse
mehr gebe und man daher Kirchen schließen und in
Schwimmhallen umwandeln könne, kann bestenfalls be-
schämen und zu dem Rat führen, nur wissenschaftliche
Texte des sonst so souveränen Biologen zu lesen.

Der Gotteswahn

1976 erschien in der Oxford University Press das inzwischen legendäre Buch von Richard Dawkins, das den

merkwürdigen Titel *The Selfish Gene* trug, was mit »Das egoistische Gen« übersetzt wurde. Der 1941 im kenianischen Nairobi geborene Brite war vor der Publikation ein schlichter Dozent für Zoologie in Oxford und nach dem Erscheinen des Weltbestsellers ein gefeierter Star der Wissenschaft. Mit seinem Buch über das selbstsüchtige Gen gelang es dem Autor, sowohl Laien über wissenschaftliches Denken zu informieren als auch Experten dazu zu bringen, anders über ihr Forschen nachzudenken. Dawkins schlug eine neue Sicht der genetischen Dinge vor, und sie beschäftigt die Menschen bis heute.

Allerdings: Wenn heute der Name Dawkins fällt, denken viele Menschen an sein Buch über den »Gotteswahn«, in dem sich der Evolutionsbiologe als militanter Atheist zu erkennen gibt, der den Religionen vorwirft, vor allem negative Auswirkungen auf die Gesellschaft zu haben. Für Dawkins gehört der Glaube zu den großen Übeln dieser Welt, und er vergleicht ihn mit Pockenviren, die dem Glauben gegenüber den Vorteil haben, dass man sie ausrotten kann, wie Dawkins meint.

Er versteht unter Glauben »eine Überzeugung, die nicht auf Belegen beruht«, und hat dazu selbst zwei Überzeugungen – nämlich erstens die, dass der Glaube das Hauptlaster jeder Religion ist, und zweitens die, dass die Wissenschaft von diesem Übel frei ist.

Für Dawkins beinhaltet die Arbeit eines Forschers keine Annahme, die nicht durch empirische Belege gestützt wird, wie er unermüdlich verkündet – ohne zu merken, dass er damit nur seinem eigenen blinden Glauben folgt, der sich durch keinen Zweifel tangieren lassen will. Nur wenige religiöse Menschen zeigen sich heutzutage derart unbeirrt wissenschaftsgläubig wie Dawkins, der diesen Widerspruch in seiner Haltung ignoriert, was nicht unbedingt vertrauenserweckend wirkt.

Zufall und Notwendigkeit

In der Biologie geht es natürlich in erster Linie nicht um Moleküle, sondern um deren Funktion im lebendigen Geschehen. Die Doppelhelix schien unmittelbar verständlich zu machen, wie die Variationen zustande kommen, die seit Darwins Tagen zum Ablauf der Evolution gehören. Sie beruhen auf Mutationen (Veränderungen) in der DNS-Struktur. Biologen des 20. Jahrhunderts meinten nun wie Crick, dass darin kein Geheimnis mehr stecke.

Tatsächlich hinterlässt das Zufällige mächtige Striche im biologischen Weltbild, vor allem dann, wenn das individuell Unberechenbare in Form von Mutationen in den Genen zu den geeigneten Variationen führt und diese sich dann der natürlichen Zuchtwahl im Lebenskampf stellen können. So versteht es eine Biowissenschaft, die sich am Grundgedanken der Evolution orientiert. Für sie entsteht alles im Wechselspiel aus *Zufall und Notwendigkeit*, wie es der Titel des 1970 erschienenen und berühmt gewordenen Buchs des französischen Nobelpreisträgers Jacques Monod (1910–1976) ausdrückte, das eine niederschmetternde Auskunft über uns Menschen enthält.

Bevor die dort vertretenen Ansichten vorgestellt werden, möchte ich einen Rückblick auf den Beginn des 19. Jahrhunderts vornehmen, an dem ein Landsmann Monods, der Zoologe Jean-Baptiste Lamarck, als Erster entdeckt hat, was Darwin berühmt machen sollte: die Variabilität der Arten und ihre Anpassung. Ich erwähne Lamarck an dieser Stelle aus dem bemerkenswerten Grund, dass er die Evolution nicht gegen die Religion, sondern umgekehrt im Vertrauen auf Gott entdeckt hat.

Lamarck kümmerte sich um Fossilien. Er konnte mehr als jeder andere vergleichen. Dabei drängte sich ihm der Schluss geradezu auf, dass in der Vergangenheit der Erde, als sich die geologischen Bedingungen geändert hatten, einige Arten ausgestorben waren. So würden wir heute sagen. Doch Lamarck sah das anders. Er traute Gott nicht zu, Arten erst zu kreieren und dann sterben zu lassen. Er konnte diesem Dilemma entkommen, indem er annahm, dass sich die Arten geändert hatten. Gottes Größe zeigte sich gerade durch die Evolution und in ihr. Er sorgte mit dieser Eigenschaft für die Kontinuität des Lebens, das er geschaffen hatte. Mit anderen Worten: Der Gedanke der Evolution nimmt Gott ernst, statt ihn abzuschieben.

Nach dieser ganz und gar nicht säkularen Abschweifung wird die angekündigte Schlussfolgerung des Molekularbiologen Monod erst recht erschrecken. Der Franzose kommt nämlich im Laufe seiner sachlich zutreffenden Erläuterungen zum Zellaufbau und zum geregelten Anfertigen von dazugehörigen Bausteinen zu einer unfrohen, gottlosen Botschaft, der er zudem eine kosmische Weite zutraut. Sie lautet wie folgt:

»Der Alte Bund ist zerbrochen; der Mensch weiß endlich, dass er in der teilnahmslosen Unermesslichkeit des Universums, aus dem er zufällig hervortrat, allein ist. Nicht nur sein Los, auch seine Pflicht steht nirgendwo geschrieben. Es ist an ihm, zwischen dem Reich und der Finsternis zu wählen.«

Weiß das der Mensch, wer immer er ist, tatsächlich? Oder kommt da jemand psychisch und spirituell mit dem Gedanken der Wahrscheinlichkeit nicht zurecht?

Der Zufall und das Zufällige sind vielfach zum großen Bekenntnis der Evolutionsbiologen mutiert, wie sich vor allem bei dem im biblischen Alter von 100 Jahren verstorbenen Ernst Mayr (1904–2005) vielfach nachlesen lässt. Sein Leben lang hatte er mit einem strahlenden Lächeln und in völliger Zufriedenheit seinen Zuhörern verkündet, dass wir nur zufällig in der Welt sind und nichts weiter als einen Zufall abgeben. Mehr nicht. Ende der Suche nach einem Sinn.

Für Mayr stellte Darwins Idee eines evolutionären Ursprungs und der fortlaufenden Anpassung der Arten die endgültige Vertreibung Gottes und damit die Säkularisierung der Naturwissenschaft dar. Sie konnte ohne jeden Schöpfungsakt erklären, wie sich Leben entwickelt und entfaltet. Gott war keine Hypothese, die Mayr und seine Kollegen brauchten. Sie erklärten dafür alles im strikten Methodenrahmen ihrer Wissenschaft. Anscheinend bemerkten sie nicht den Widerspruch, in dem sie sich täglich verhedderten.

Wenn nämlich, wie von Mayr und Monod behauptet wird, unsere Existenz dem Zufall zu verdanken wäre, dann könnten wir sie nicht untersuchen, jedenfalls nicht mit den Mitteln der Naturwissenschaft. Im Rahmen des evolutionären Argumentierens machen Menschen doch gerade ihr Existieren zum Thema des wissenschaftlichen Diskurses. Allein schon dadurch drücken erfolgreich forschende Wissenschaftler aus, dass das Vorhandensein von Menschen auf der Erde mehr ist als das, was sie behaupten, nämlich mehr als ein Zufall.

Kontingenz und Konvergenz

Es ist daher kein Wunder, dass es Vertreter des evolutionären Gedankens gibt, die bei der Frage nach der Kontingenz des Menschen nicht so sicher sind, wie die Antwort lautet. Der zeit seines Lebens höchst populäre amerikanische Paläoanthropologe Stephen J. Gould (1941–2002) hat seiner Überzeugung von unserer Zufälligkeit durch den Vorschlag sprachliche Form verliehen, sich die Evolution wie einen Film vorzustellen, den man noch einmal von vorn laufen lässt. Er kann sich nicht vorstellen, dass dabei am Ende wieder Menschen auftreten, die unser Verhalten an den Tag legen. Dazu hat er einen kleinen Text verfasst, den »man sich wie ein Hare-Krishna-Mantra mehrmals am Tag vorsingen sollte, damit er umso tiefer in die Seele eindringt: Menschen sind nicht das Endergebnis eines vorhersehbaren Evolutionsfortschritts, sondern ein zufälliger kosmischer Nachzügler, ein winzig kleiner Zweig an dem unglaublich üppigen Busch des Lebens, der, würde er ein zweites Mal aus dem Samen heranwachsen, mit ziemlicher Sicherheit nicht noch einmal diesen Zweig oder überhaupt einen Zweig mit einer Eigenschaft, die wir Bewusstsein nennen könnten, hervorbringen würde.«

Ihm widersprochen hat der britische Evolutionsbiologe Simon Conway Morris (geb. 1951), der weniger Kontingenz und mehr Konvergenz im Leben und seiner Entwicklung sieht. Konvergenz meint die Tendenz von Organismen, von deutlich verschiedenen Ausgangspositionen herkommend mithilfe von Mutation und Selektion zu ähnlichen Lösungen zu gelangen. Der Evolution stehen einfach nicht beliebig viele Alternativen zur Verfügung, was zahlreiche Wege zu dem gleichen Ergebnis führen lässt (das man Ziel nennen könnte, wenn dies in der Biologie kein verbotenes Wort wäre).

Nicht nur Augen und andere Sinnesorgane sind konvergent – im Laufe der Evolution mehrfach gleichartig entstanden –, sondern auch eine so komplexe Organisationsform wie die Landwirtschaft. Sie findet sich tatsächlich auch bei Ameisen. Deren »Getreide« ist ein Pilz, der in großen Anlagen tief in der Erde angebaut wird, die sich durch eine komplexe innere Struktur auszeichnen, zu der Abfallkammern und Lüftungsrohre gehören. Bei genauerem Hinsehen werden die Parallelitäten zu unserer Art der Nahrungsmittelerzeugung auffällig.

Der Pilz wird auf einem Blätterbeet (Mulch) gezogen, dessen Bereitstellung auf hochkomplexe Weise organisiert wird und den Ameisen den Namen »Blattschneideameisen« eingetragen hat. Das Laub von Bäumen wird eingesammelt und die Ernte zum Nest gebracht, wobei unterwegs Zwischenlager eingerichtet werden können. Wenn das Blätterbeet und der Pilz, der darauf gedeihen soll, erst einmal im Nest der Ameisen sind, werden beide kontinuierlich versorgt und in Ordnung gehalten. Zu diesen Tätigkeiten gehören die Vernichtung von Unkraut, der Einsatz von stickstoffhaltigem Dünger (der aus analen Ausscheidungen stammt), Herbiziden und Antibiotika.

Conway Morris zufolge ist es nicht a priori Unsinn, wenn jemand von der Unvermeidlichkeit des Menschen spricht. Selbst gestandene und ausgewiesene Evolutionsbiologen fangen an, sich über die Frage Gedanken zu machen, ob nicht irgendwie doch in den Naturgesetzen so etwas wie Sinn und Zweck enthalten sind. Ihnen reicht es auch nicht mehr, alles auf irgendeinen Zufall zu reduzieren.

Auf diesen Mangel einer reduktionistisch vorgehenden Biologie hat bereits in den 1950er-Jahren der Physiker Wolfgang Pauli hingewiesen, der grundsätzlich den Gedanken der Komplementarität vertreten hat, demzufolge es für jede oder zu jeder Beschreibung der Wirklichkeit eine zweite gibt, die gleichberechtigt gilt, obwohl sie der ersten oberflächlich widerspricht. Im Rahmen dieses besonders von Niels Bohr propagierten Gedankens – der sich früher schon bei William James findet – stellen Religion und Wissenschaft ein Paar von übergreifender Komplementarität dar, aber darauf kann hier nur hingewiesen werden.

Konkret bedeutet Komplementarität, dass der Kausalität eine gleichberechtigte Konzeption gegenüberstehen muss. Das kann der Zufall nicht leisten. Er ist zu schwach. Pauli schlägt im Anschluss an den Psychologen C. G. Jung den Begriff der »Synchronizität« vor, durch den Ereignisse verbunden werden können, auch wenn es keine kausale Beziehung zwischen ihnen gibt. Synchronizität meint so etwas wie eine Sinnkorrespondenz, was aber an dieser Stelle nicht verfolgt werden soll, da die Idee noch keine Resonanz in Kreisen der Biologie gefunden hat.

Die Rückkehr des Designers

Unabhängig davon ist klar, dass derjenige, der Zufall predigt, um Gott auszuschließen, nur dessen Rückkehr bewirkt. Genau dies passiert vor allem in der Evolutionsbiologie, in der sich nicht der Gesamttrend zu Gott ändert, sondern nur die Art, wie auf ihn hingewiesen oder wie er in das Werden der Welt eingebaut wird.

Zurzeit ärgern sich die gottlosen Evolutionsbiologen maßlos über die nicht verstummenden Versuche von Kreationisten und anderen Fundamentalisten, der wissenschaftlichen (säkularen) Erklärung des Lebens etwa anderes an die Seite zu stellen. In letzter Zeit gab es viel Lärm um den Vorschlag, das Erscheinen von Arten und das Auftreten des Menschen einem »intelligenten Designer« zu überlassen, worauf die Evolutionsbiologen zu Recht und oft sehr witzig mit dem Hinweis auf viele organische Unzulänglichkeiten der Körper (auch des Menschen) antworteten, um klarzumachen, dass in dem Fall, in dem wir unsere Existenz einem Designer verdanken würden, man diesem Wesen bestenfalls Dummheit und Nachlässigkeit vorwerfen sollte, ihm aber auf keinen Fall Intelligenz nachsagen könnte.

Viele Biologen weisen zu Recht darauf hin, dass diese Idee prädarwinistisch ist. Zu Beginn des 19. Jahrhunderts wurden mit dem Argument des Designers noch Gottesbeweise geführt, wobei man sich vorstellte, beim Spazierengehen im Wald eine Uhr zu finden. Aus diesem Tatbestand würde man sofort auf die Existenz eines Uhrmachers schließen. Deshalb könne man auch ganz sicher sein, dass es einen Menschenmacher gibt, nämlich Gott.

In solch schlichten Argumenten steckt das Problem, dass man immer einen Gott vor Augen hat, der über ein menschliches Bewusstsein verfügt. Genau das aber führt zu dem Unsinn, den wir anhand der Worte in Darwins Schiffsbibel kennengelernt haben.

Wer die Natur und den Menschen verstehen will, muss anders vorgehen. Darwin hat es versucht. Es ist keine Frage, dass sein gefährlicher Gedanke, wie er manchmal genannt wird, auch ein großartiger Gedanke ist, der uns erlaubt, sehr vielen (vielleicht sogar allen?) Phänomenen des Lebens eine einleuchtende und befriedigende adaptive Erklärung zu geben. Es ist aber ebenso wenig eine Frage, dass die burschikose Art, daraus unser ganzes Vorhandensein als Zufall zu banalisieren, notwendigerweise Gegenkräfte auf den Plan rufen muss. Schließlich leben die heutigen Menschen alle nach der Achsenzeit. Sie suchen nicht nur nach Gesetzen, sie suchen auch nach einem höheren Sinn und nach tieferer

Bedeutung. Die Mitglieder unserer Art treiben sowohl Astronomie als auch Astrologie. Sie sollten mehr aus dem Zufall machen, als ihm die Schuld für unsere Existenz »als Zigeuner am Rand des Universums« zu geben, wie Monod es eher verächtlich nennt.

Offenbar kommt – nach dem Vorbild des Yin-Yang-Prinzips, das die moderne Physik als Idee der Komplementarität kennt und nutzt – Gott dann zurück und macht sich bemerkbar, wenn er fast verschwunden ist.

Das gilt nicht nur für die Evolution, sondern auch für die Kosmologie, die zunächst konstatierte, dass das Universum immer weniger Sinn zeigte und enthielt, nachdem sie es immer besser erklären konnte. Als man meinte, selbst den Anfang der Welt – etwa in Form eines Urknalls – verstanden zu haben, fiel einigen Kosmologen auf, dass Menschen ja nicht über das kosmische Werden im Allgemeinen reden können, sondern nur von einer Welt wissen, und zwar der, in der sie leben.

Das Universum kann kein Zufall sein. Es ist vielmehr so eingerichtet, dass Lebewesen unserer Art darin entstehen können. Wir sind, wie wir sind, weil die Welt so ist, wie sie ist, wie man manchmal lesen kann. Dieses auf uns angelegte Verstehen des Kosmos läuft unter der Bezeichnung »anthropisches Prinzip« – obwohl vielleicht »biogenes« oder »biophiles Prinzip« gereicht hätte.

In den Worten des Physikers Freeman Dyson (geb. 1923): »Je näher ich das Universum und die Einzelheiten seiner Architektur betrachte, desto mehr Hinweise finde ich, dass das Universum gleichsam gewusst haben muss, dass wir kommen.«

Damit wird nicht behauptet, dass die Feinjustierung des Universums sich einer einstellenden Hand verdankt, wie es die starke Version des Prinzips verlangt, die zwar von vielen Physikern vehement abgelehnt wird, die trotzdem aber nicht verstummen will und immer wieder vorgetragen wird. Alles Bemühen in diese anthropische Richtung hat vor allem den Sinn, dem Menschen seine Zufälligkeit zu nehmen und ihm einen sinnvollen Platz einzuräumen.

Wenn vom Zufälligen in der Physik die Rede ist, warten viele Zuhörer auf den würfelnden Gott, den Einstein wie erwähnt ablehnte oder zumindest bezweifelte. Er soll hier seinen kurzen Auftritt haben, aber nur mit dem Hinweis, dass es Einstein nicht um die Welt im Großen, sondern um die Welt im Kleinen ging. Sein Hinweis, dass er sich keinen Gott vorstellen könne, der würfelt, bezieht sich nicht auf die Kosmologie, sondern auf die neue Physik der Atome, die ebenfalls zu seinen Lebzeiten und mit seiner Hilfe entworfen wurde.

Das damals entstehende Gebäude der Physik namens Quantenmechanik ließ erkennen, dass sich im Innersten der Welt keine Realitäten, sondern nur Wahrscheinlichkeiten finden ließen. Bedingte Möglichkeiten statt unbedingter Wirklichkeiten, was nicht nur Einstein wunderte, was er sich aber auszudrücken erlauben konnte und woran die Physiker bis heute zu knabbern haben. Inzwischen ist ein neuer Twist in die Überlegungen gekommen, den wir vor allem Anton Zeilinger (geb. 1945) aus Wien verdanken und den ich hier nur andeuten kann.

Ein wesentlicher Aspekt der neuen Physik besteht in der Einsicht, dass die Natur die Form hat (bekommt), die wir ihr geben, was auch erkennen lässt, dass sich kaum zwischen der Wirklichkeit und unserem Wissen davon unterscheiden lässt. Zeilinger schlägt vor, die Realität und die dazugehörige Information als zwei Seiten einer Münze anzusehen, was zur Folge hat, dass in einer gegebenen Situation unsere Kenntnisse das einschränken, was existieren kann. Wir können nicht alles wissen, weshalb individuelle Ereignisse wie zufällig erscheinen. Diese Willkür zeigt, dass wir nicht alles bestimmen können. Sie zeigt mit anderen Worten, dass es trotz all unserer Formgebungen »da draußen« tatsächlich etwas gibt, das von uns unabhängig ist. Einstein hätte dieser Gedanke – meiner Einschätzung nach auf jeden Fall – sehr gefallen.

Auf der Welt zu Gast

Wie bereits gesagt, wenn es um den Kosmos ging, fragte Einstein nur nach seiner Freiheit oder der Wahl, die Gott bei seiner Schöpfung hatte. Danach schien es ihm – Einstein – möglich, Betrachtungen über die Welt als Ganzes anzustellen – mit der berühmten gleichzeitigen Zuordnung von Endlichkeit und Unbegrenztheit –, ohne noch einmal die Frage nach Gott zu stellen. Gott zeigte sich ihm nicht im Kosmos selbst, er offenbarte sich vielmehr »in der gesetzlichen Harmonie des Seienden«, und dabei kam es zu religiösen Gefühlen, wie zwar in dem dazugehörigen Kapitel erläutert wurde, hier aber noch einmal mit seinem schönsten Zitat aus dem Jahre 1932 wiederholt wird:

»Das Schönste und Tiefste, was der Mensch erleben kann, ist das Gefühl des Geheimnisvollen. Es liegt der Religion sowie allem tieferen Streben in Kunst und Wissenschaft zugrunde. Wer dies nicht erlebt hat, erscheint mir, wenn nicht wie ein Toter, so doch wie ein Blinder. Zu empfinden, dass hinter dem Erlebbaren ein für unseren Geist Unerreichbares verborgen sei, dessen Schönheit und Erhabenheit uns nur mittelbar und in schwachem Widerschein erreicht, das ist Religiosität. In diesem Sinne bin ich religiös. Es ist mir genug, diese Geheimnisse staunend zu ahnen und zu versuchen, von der erhabenen Struktur des Seienden in Demut ein mattes Abbild geistig zu erfassen.«

Einstein ist bezaubert von seinen Entdeckungen. Ich habe das zauberhafte Wort deshalb gewählt, um zuletzt den berühmten Ausdruck von Max Weber (1864–1920) einführen zu können, der in denselben Jahren, in denen Einsteins Relativitätstheorie gefeiert wird und Betrachtungen über die ganze Welt erlaubt, seine Rede *Wissenschaft als Beruf* (1919) hält. Darin spricht er von der »Entzauberung der Welt«. Dies ist Webers Ausdruck für den Prozess der Säkularisierung, der die Geschichte der Technik und damit auch das Entstehen der Moderne prägt.

Der zentrale Ausdruck, der sich sowohl bei Weber als auch bei Einstein findet, ist die »Welt« (»was sich dem Nichts entgegenstellt«, wie Goethe »diese plumpe Welt« nennt). Säkularisierung – Verweltlichung – hat viel damit zu tun, wie dieses Wort im Laufe der Kulturgeschichte verstanden wird.

Wie Kosmos und Welterfahrung im westlichen Denken zusammenhängen, hat der Religionsphilosoph Rémi Brague (geb. 1947) in seinem Buch *Die Weisheit der Welt* dargestellt. Er zeigt dabei, dass »Welt [...] nie für eine simple Beschreibung der Realität« stand, sondern seit jeher »Ausdruck eines Werturteils« war. Der Kosmos und der Sinn des menschlichen Lebens hängen im religiösen Bereich zusammen, bis das Universum durch die moderne Wissenschaft ethisch indifferent wird. »Das Weltbild, das nach Kopernikus, Galilei und Newton aus der Physik hervorging, ist das Spiel blinder Kräfte, wo es keinen Platz mehr für die Betrachtung des Guten gibt.« Die eine Welt zerfällt in viele Welten, von der unsere vielleicht die beste, aber kein Kosmos mehr sein kann.

Im 19. Jahrhundert – genauer 1836 – kommt in dem Zusammenhang zum ersten Mal das Wort von der »Entzauberung der Welt« auf, und zwar in einem Text von Alfred de Musset (1810–1857), der von *désenchantement* (Enttäuschung oder Ernüchterung) spricht und sich auch nicht scheut, dafür das noch stärkere *désespérance*, also Verzweiflung und Hoffnungslosigkeit, zu verwenden. Brague findet, dass der Prozess der Verweltlichung besser als »Neutralisierung des Kosmos« beschrieben werden sollte, in dem zwar kein Gott mehr ist, in dem sich aber Gesetze finden, die sowohl unsere Freiheit einschränken – wir unterliegen ihnen auch – als uns auch Eingriffsmöglichkeiten verschaffen. Eingreifen müssen die Menschen, da die Natur – die Welt – nicht mehr das

Gute ist, das sie früher war, sondern das Böse enthält, das uns leiden lassen und Schaden zufügen kann und das zu bekämpfen ist. Immerhin bleibt sie schön, für das wir empfänglich sind, wie unsere Bemühungen um das Ästhetische zeigen. Das macht zuletzt deutlich, »dass wir, ohne einen dauernden Sitz in der Welt zu haben, nicht einfach nur Fremde sind, sondern Gäste«. Nicht für immer auf der Erde, aber hier zu Gast in einer schönen Welt. Was könnte besser sein?

AM ENDE IMMER NOCH AM ANFANG: EIN PERSÖNLICHES NACHWORT

Es gibt das Glück des Anfängers, auch beim Lesen, und als der Autor im Jahre 1962 als ziemlich junger Mann – genauer: als 15-jähriger Schüler – zum ersten Mal den Mut fasste, in einen Buchladen zu gehen und ihm sogar ausreichend Barmittel – eine Mark und achtzig Pfennig – zur Verfügung standen, um ein Buch zu kaufen, konnte er sein Glück nicht fassen, als er auf dessen Seite 47 den eindringlichen und zugleich eindeutigen Satz lesen konnte:

»Töten im Krieg ist nach meiner Auffassung um nichts besser als gewöhnlicher Mord.«

Diese nachhallenden und nachhaltigen Worte geben die Ansicht von Albert Einstein wieder, und in dem
Buch, von dem eingangs die Rede war, konnte der pu-
bertierende Knabe nachlesen, wie das aussah, was der
inzwischen als »Mann des Jahrhunderts« gefeierte Physiker »Mein Weltbild« nannte.

Auf den ersten Seiten drückt Einstein seine Überzeugung aus. »Das Schönste, was wir erleben können, ist
das Geheimnisvolle«, schreibt er und macht damit deutlich, dass er mit diesem unheimlich wirkenden Wort vor
allem die Geheimnisse des Mikrokosmos und des Makrokosmos, also der Atome und des Universums, meint.

Einstein vermerkt nach einem Schlenker dann weiter,
dass »das Erlebnis des Geheimnisvollen (…) auch die
Religion gezeugt hat«, wobei er unüberlesbar und überzeugend einschränkt, dass das dazugehörige Gefühl in
diesem Falle »mit Furcht gemischt« ist.

In der Tat – sobald in meiner Jugend von Gott die
Rede war, überkam mich das Gefühl von Schuld, die
niemand vermeiden konnte und für die man in umständ-
lichen Glaubensbekenntnissen nachdrücklich um Verge-
bung bitten musste, auch wenn man sich brav verhalten
hatte und meinte, ohne Fehl und Tadel dazustehen.

Im Christentum wird häufig von den vielen Sünden
gesprochen, die die Menschen auf sich geladen haben,
auch wenn es meist nicht lange dauert, bis von deren
großmütiger Verzeihung die Rede ist, was zu akzeptieren
aber nicht jedermanns Sache ist und mir nicht in den
Sinn kam. Menschen sind im christlichen Kontext vor
allem und auf jeden Fall Sünder, und vermutlich mussten

die ersten Gläubigen, die sich ehrlich und mit dem eigenen Verstand um Wissen bemühten, darauf gefasst sein, von ihren Zeitgenossen als besonders schlimme Sünder betrachtet zu werden. Die Suche nach einer Wahrheit, die den Menschen nicht nur dank einer göttlichen Gnade offenbart wird, wurde vielfach und gerne als sündhaftes Verhalten abgetan, was darauf zielte, Angst vor dem zu erwerbenden Wissen zu machen.

Der berühmte Lehrer Albertus Magnus (1200–1280) musste sich noch darüber beschweren, dass ihn seine Glaubensbrüder im Kloster daran hinderten, seine sicher gottgegebenen Sinne einzusetzen, um die Welt anzusehen und zu erkunden. Sie weigerten sich zu verstehen, dass man der Wahrheit nicht ausweichen kann, sondern versuchen muss, ihr in der Gemeinschaft der Glaubensbrüder gegenüberzutreten, um mit ihr weitermachen zu können.

Die Christengemeinde erstarrte vor Angst, dass dem nach Wissen Strebenden etwas offenbart wurde, was mit dem Glauben unvereinbar war. Obwohl dieser Gedanke heute schwer verständlich wirkt, verdeutlicht er, dass in der Religion tatsächlich weniger Mut und Offenheit gefragt waren, sondern Angst und Furcht verbreitet wurden.

Albertus Magnus hat vor rund 800 Jahren vorgelebt, wie man eine Welt des Wissens – etwa über das Innere der Erde – finden kann, ohne in seinem Glauben nachlassen zu müssen. Die wissbegierigen Forscher, die nach ihm kamen, sind für ihre Bemühungen reichlich belohnt worden, wie jeder sehen kann, der einen Blick auf den Kenntnisstand der modernen Naturwissenschaften wirft.

Dabei ist im Laufe der Jahrhunderte immer deutlicher geworden, was Einstein in seinem Weltbild geschrieben hat: dass nämlich durch den erklärenden Zugriff von Physik, Chemie, Biologie und anderen Disziplinen kein einziges Geheimnis aus der Welt verschwunden ist. Das Mysterium ist vielmehr tiefer geworden und hat das ermöglicht, was man »Die Verzauberung der Welt« nennen kann.

Solch eine Verzauberung ist in den letzten Jahren zweimal in Buchlänge beschrieben worden, und zwar einmal von mir und einmal von dem evangelischen Theologen Jörg Lauster, der in seinem Werk natürlich nicht die Naturwissenschaft im Sinn hatte und stattdessen eine Kulturgeschichte des Christentums erzählt.

Wer seine sozialwissenschaftlichen Scheuklappen abwirft, kann tatsächlich nicht übersehen, dass sowohl der Glaube als auch das Wissen den Menschen helfen, die Welt zu verzaubern, in der sie leben und die ihnen aus höherer Sphäre überlassen worden ist. Lauster stellt das Christentum »als Sprache eines Weltgefühls« dar, in der sich »das Aufleuchten göttlicher Gegenwart« zu erkennen gibt. Genau von solch einem Weltgefühl spricht Einstein, wenn er vom stetigen Staunen und wachsenden Wundern und dem damit verbundenen Grundgefühl des Geheimnisvollen in der Wissenschaft berichtet.

Wohlgemerkt – die Wissenschaftler vertiefen das Geheimnisvolle, und viele wundern sich sicher darüber, dass sie unter diesen Bedingungen überhaupt noch weiter fragen und forschen. Warum suchen Menschen weiter, wenn das dazugehörige Bemühen immer nur tiefer in eine Dunkelheit voller Geheimnisse führt? Was suchen forschende und wissbegierige einstige Glaubensbrüder und heutige Zeitgenossen, wenn sie ohne die Angst und Furcht der Religion mit dem Mut der Aufklärung weiter in die geheimnisvollen Regionen des Daseins eindringen?

Einige von ihnen – wie der im Buch erwähnte Max Planck – erwarten dabei, auf einen oder den Gott zu treffen, dessen Gnade sie bei ihrem Erkennen erfahren durften. Andere – wie der romantische Dichter Novalis – sehen sich dabei auf dem Weg »nach Hause«, also auf der Suche nach sich selbst, wobei das Ziel in beiden Fällen nicht etwas ist, was man in die Hände nehmen und dann als Trophäe vorweisen kann. Was man in der Tiefe des Geheimnisvollen sucht, liegt dort nicht fix und fertig vor, sondern entsteht erst, wenn man sich dem Ziel nähert. Alles ist und bleibt in Bewegung oder im Fluss, wie es bereits in antiken Schriften bei Heraklit zu lesen ist, wenn er einer staunenden Welt in seinen Fragmenten die berühmte Formulierung »panta rhei« anbietet.

Die Welt ist in Bewegung und bleibt grenzenlos, weil Menschen das so wollen. An jedem Ende eines Weges zeigt sich ihnen ein neuer Anfang. Die Welt ist offen und kann persönlich gestaltet und weiter gebildet werden. Wissenschaftliche und religiöse Weltbilder sind in Wahrheit Weltbildungen, mit denen die Menschen zwar etwas erreicht haben, an denen sie aber weiter arbeiten wollen. Ihr Werk bleibt unabgeschlossen – also offen – und wird nie fertig.

»Jedem Anfang wohnt ein Zauber inne«, heißt es bei Hermann Hesse. Jedem Ende deshalb aber auch, denn mit ihm zeigt sich immer wieder ein neuer Anfang.

Ich selbst fühle mich am Ende des heutigen Schreibens wie am Anfang des einstigen Lesens, als Einsteins Bekenntnis zum Geheimnisvollen dem Knaben offenbarte, was »das Schönste« ist und wozu er selbst beitragen kann, wenn er sich um Wissen und Verstehen bemüht.

Es ist die Verzauberung der Welt. Sie bleibt verlockend für Gläubige und Wissbegierige. Eine Entzauberung findet nicht statt. Sonst gäbe es am Ende keinen Anfang mehr.

ANHANG

Ein Versuch zu meinem 60. Geburtstag im Jahre 2007: Wer ist das eigentlich – GOTT?

Eigentlich ist Gott niemand, bei dem sich in aller Kürze auf die Frage »Wer ist das eigentlich?« antworten lässt. Denn wenn ich so frage, dann erwarte ich Auskünfte wie »das ist der Kanzler« oder »das ist die Parteivorsitzende«.

Wer nach einem »Wer« fragt, fragt nach einem Wesen mit menschlichem Bewusstsein – im einfachsten Fall nach dem alten Mann mit dem langen weißen Bart, wie er etwa in Michelangelos berühmter Darstellung an der Decke der Sixtinischen Kapelle zu sehen ist.

Wenn aber Gott eines nicht ist, dann ein Wesen mit menschlichem Bewusstsein. So etwas ist er auf keinen Fall. So etwas bleibt von Anfang an ohne Sinn, wobei »von Anfang an« die Schöpfungsgeschichte meint, in der wir bekanntlich die Chance bekommen, vom Baum der Erkenntnis zu naschen.

Wir können doch die angebotene Wahl nur treffen, wenn uns vorher möglich ist, was Gott uns nachher in die Schuhe schiebt – nämlich zwischen Gut und Böse zu unterscheiden. So trickst der Herr seine unschuldigen Geschöpfe aus. Er bringt das Böse in die Welt und gibt uns die Schuld.

Das Argument gilt natürlich nur, wenn dieser Gott ein menschliches Bewusstsein hat. In diesem Fall kann man nur wütend über ihn werden und sich bitter beklagen. Darum ist es besser, wir versuchen in eine andere Richtung zu denken, wenn wir über Gott sprechen wollen, an dem wir doch alle hängen.

Also – »Wer ist das eigentlich?« muss man nach etwas fragen, das ganz anders ist als wir, weshalb ich vorschlage, sich zu überlegen, was man sagen würde, wenn es hieße:

»Was ist das eigentlich – Gott?«

Im Augenblick dieser Umformulierung öffnet sich eine historische Perspektive, die sowohl ein wissenschaftliches Herz erfreuen als auch einen gläubigen Kopf zufriedenstellen kann. Diese Perspektive ist nicht neu. Entdeckt hat sie der Philosoph Karl Jaspers, als er 1949 über »Ursprung und Ziel der Geschichte« nachdachte und dabei bemerkte, dass sämtliche großen Religionen unserer Welt in einem relativ kurzen Zeitraum entstanden sind. Es geht um die Jahre, die in der hierzulande gewohnten Zeitrechnung zwischen 800 und 200 vor Christus liegen. Jaspers hat für diese Periode den Begriff der »Achsenzeit« eingeführt und auch beschrieben, was damals passiert bzw. gelungen ist.

In dieser Epoche haben die Menschen die Vorstellung entwickelt, dass es neben der weltlichen Sphäre des Alltäglichen eine Dimension gibt, die darüber hinausgeht und die uns religiös macht. Mit anderen Worten: Die Menschen haben entdeckt, dass es neben dem Irdischen das Göttliche gibt. Das wurde merkwürdigerweise dann als das Wahre, als das Eigentliche betrachtet.

»Was ist das eigentlich – Gott?«

Diese Frage können wir jetzt beantworten: Gott ist der Teil des Wirklichen, der die irdische Sphäre überragt und überwacht, der meinen Sinnen entzogen ist und mich auf diese Weise zum Nachsinnen – zum Nachdenken – bringt. Gott ist das Geschenk an die Menschen, das sie zum Denken anhält.

Philosophen wie Jaspers sprechen dabei von der Entdeckung der Transzendenz, die den großen Kulturen damals gelungen ist, wobei das ungewohnte Wort der »Transzendenz« – salopp ausgedrückt – eine Trennung zwischen dem Unten auf der Erde und dem Oben im Himmel meint und uns sagt, dass es ein Reich gibt, das nicht von dieser Welt ist, in das ich nicht hineinreiche.

Natürlich darf jetzt darüber nachgedacht werden, welche Konsequenzen der feste Glaube an die Existenz zweier getrennter Welten in der zwischenmenschlichen und gesellschaftlichen Dynamik mit sich bringt und wie es gelingt, den dazugehörigen göttlichen Willen ausfindig zu machen und umzusetzen. Solche Fragen werden inzwischen in einem groß angelegten Forschungsprogramm über die Achsenzeit in der Weltgeschichte erkundet, wobei an dieser Stelle und für unsere Frage nur ein Punkt von Bedeutung ist:

Er besagt, dass die Entdeckung der Transzendenz, die Annahme einer göttlichen Sphäre, die Hinwendung zu einem Gott offenbar praktische Vorteile mit sich gebracht hat. Die historische Entwicklung hat nämlich dafür gesorgt, dass heute vor allem solche Kulturen die Erde bevölkern, die von der Erfahrung der Transzendenz beflügelt worden sind. Gott ist also ganz konkret unsere Stärke, wie es in vielen Kirchenliedern heißt.

Wer das Vertrauen in das Göttliche leichtfertig als Aberglauben abtun will, sollte innehalten, erneut nachdenken und sich erst einmal klarmachen, wie er geworden ist. Wir sind, was wir geworden sind, und wir sind hierzulande mit Gott oder mit dem Gedanken an Gott geworden, und so können wir auf andere Weise sagen, was Gott eigentlich ist – unsere historische Stärke und Überlebensgarantie.

Mit dieser Antwort könnte man zufrieden sein, wenn man nicht den Mechanismus seines Wirkens erkunden möchte – was zuletzt noch riskiert werden soll. Gemeint sind in diesem weiten Feld nicht die soziale Wirkungsweise und der Einfluss auf Herrschaftsstrukturen, die mit dem Anbruch der Achsenzeit kein Gotteskönigstum mehr zulassen und andere Rechtfertigungen von Führungseliten verlangen.

Gemeint ist das Interesse von einzelnen Menschen, die gläubig sind und sich Gedanken über die Gebote machen, die ihnen aus der dem Göttlichen vorbehaltenen Region übermittelt werden. Es geht also um Menschen, und wenn ich gefragt werde, wie sich die Mitglieder unserer Art charakterisieren lassen, dann weise ich auf unsere Freude am Sinnlichen und die Lust auf den Dialog hin. Der Mensch ist nicht gern allein, wie es schon in der Schöpfungsgeschichte heißt. In der Bibel bekommt der Mann deshalb ein Weib, und in der Geschichte bekommt der Mensch einen Gott.

Was ist Gott damit eigentlich?

Er ist unser Gesprächspartner. Deshalb beten wir zu ihm, und wir tun dies nicht nur dann, wenn wir uns am Heiligen Abend in eine Kirchenbank zwängen. Wir brauchen jemanden, mit dem wir reden und in Kontakt treten können: außen mit Menschen, innen mit Gott. Dort im Innen wirken meine vielen Sinne zwar nicht direkt. Sie wirken aber weiter und werden zu dem einen Sinn, um den es geht. Gott ist die Garantie, dass mir jemand antwortet, wenn ich ihn suche.

Also: Was ist das eigentlich – Gott?

Gott hat sich in der menschlichen Geschichte wie ein Geschenk zu uns gesellt. Wir haben es bekommen, ob wir wollten oder nicht, und wir haben es angenommen und behalten, ob es uns gefällt oder nicht.

Gott ist ein Geschenk und unsere Chance.

Ich wüsste nur zu gerne, wem wir beides verdanken.

»Die Schöpfung« von Franz Hohler – aus dem Buch *Aller Anfang* von Jürg Schubiger und Franz Hohler

»Am Anfang war nichts außer Gott. Eines Tages bekam er eine Gemüsekiste voller Erbsen. Er fragte sich, woher sie kommen, denn er kannte niemanden außer sich. Er traute der Sache nicht ganz und ließ die Kiste einfach stehen oder eher schweben.

Nach sieben Tagen zerplatzten die Hülsen, und die Erbsenkugeln schossen mit großer Gewalt ins Nichts hinaus. Oft blieben dieselben Erbsen, die in einer Hülse gewesen waren, zusammen und umkreisten sich gegenseitig. Sie begannen zu wachsen und zu leuchten, und so wurde aus dem Nichts das Weltall.

Gott wunderte sich sehr darüber. Auf einer der Erbsen entwickelten sich später alle möglichen Lebewesen, darunter auch Menschen, die ihn kannten. Sie schrieben ihm die Erschaffung der Welt zu und verehrten ihn dafür.

Gott wehrte sich nicht dagegen, aber er grübelt bis heute darüber nach, wer zum Teufel ihm die Kiste Erbsen geschickt haben könnte.«

LITERATUR- UND ZITATHINWEISE

Seite 6: Jacob, François: *Die innere Statue. Autobiografie des Genbiologen und Nobelpreisträgers*. Ammann Verlag 1988

EIN VORSPIEL IM THEATER

Walls, Jeannette: *Ein ungezähmtes Leben*. Diana Verlag (20. Auflage) 2011

Goethes *Faust* wird zitiert nach der Ausgabe des Deutschen Klassiker Verlags von 1994.

ERNSTE FRAGEN AM ANFANG

Dionysius wird zitiert aus: Jäger, Willigis: *Wiederkehr der Mystik – Das Ewige im Jetzt erfahren*. Herder Verlag 2013

Erich Kästner wird zitiert aus: *Wird's besser? Wird's schlimmer?* dtv 2011

Näheres »Zur Achsenzeit« siehe: Joas, Hans/Wiegandt, Klaus (Hg.): *Die kulturellen Werte Europas*. Fischer Verlag (5. Auflage) 2005

Taylor, Charles: *Ein säkulares Zeitalter*. Suhrkamp Verlag 2012

KEPLERS RASEREI

Mehr zu Kepler und Kopernikus in: Fischer, Ernst Peter: *Aristoteles, Einstein & Co*. Piper Verlag 2000

Die *Weltharmonik* wurde nach der 1939 in München und Berlin erschienenen Ausgabe zitiert, die Max Caspar übersetzt hat.

Bingelli, Bruno: *Primum Mobile. Dantes Jenseitsreise und die moderne Kosmologie*. Ammann Verlag (3. Auflage) 2007

Jacob, François: *Die innere Statue. Autobiografie des Genbiologen und Nobelpreisträgers*. Ammann Verlag 1988

Pauli, Wolfgang: »Einfluss archetypischer Vorstellungen auf die Bildung naturwissenschaftlicher Theorien bei Kepler.« In: Jung, C. G.: *Naturerklärung und Psyche*. Rascher Verlag 1952

GALILEIS GEHABE

Mehr zu Galilei in: Fischer, Ernst Peter: *Aristoteles, Einstein & Co*. Piper Verlag 2000

Biagioli, Mario: *Galilei der Höfling*. S. Fischer Verlag 1999

Brecht, Bertolt: *Leben des Galilei*. Suhrkamp Verlag 1998

Fischer, Klaus: *Galileo Galilei*. Herder Verlag 1986

Fölsing, Albrecht: *Galileo Galilei – Prozess ohne Ende*. Piper Verlag 1988

Rossi, Paolo: *Die Geburt der modernen Wissenschaft in Europa*. C. H. Beck Verlag 1997

NEWTONS UHRWERK

Mehr zu Newton in: Fischer, Ernst Peter: *Aristoteles, Einstein & Co*. Piper Verlag 2000

Cohen, I. Bernard: *Revolutionen in der Naturwissenschaft*. Suhrkamp Verlag 1994

Fauvel, Jean et al.: *Newtons Werk – Die Begründung der modernen Naturwissenschaft*. Birkhäuser Verlag 1993

Schneider, Ivo: *Isaac Newton*. C. H. Beck Verlag 1988

DARWINS TEUFEL

Mehr zu Darwin in: Fischer, Ernst Peter: *Aristoteles, Einstein & Co*. Piper Verlag 2000

Fischer, Ernst Peter: *Das große Buch der Evolution*. Fackelträger Verlag 2008

Fischer, Ernst Peter: *Der kleine Darwin – Alles, was man über Evolution wissen sollte*. Pantheon Verlag (3. Auflage) 2009

Klose, Joachim/Oehler, Jochen (Hg.): *Gott oder Darwin? – Vernünftiges Reden über Schöpfung und Evolution*. Springer Verlag 2008

PLANCKS QUANTEN

Fischer, Ernst Peter: *Der Physiker – Eine Biographie von Max Planck*. Siedler Verlag 2007

Kumar, Manjit: *Quanten – Einstein, Bohr und die große Debatte über das Wesen der Wirklichkeit*. Berlin Verlag 2009

Planck, Max: *Vorträge und Erinnerungen*. Wissenschaftliche Buchgesellschaft 1965

EINSTEINS WÜRFEL

Mehr zu Einstein in: Fischer, Ernst Peter: *Aristoteles, Einstein & Co*. Piper Verlag 2000

Einstein, Albert: *Mein Weltbild*. Seit 1934 zahlreiche Ausgaben und Auflagen.

Einstein, Albert: *Aus meinen späten Jahren*. Seit 1952 zahlreiche Ausgaben und Auflagen.

Fischer, Ernst Peter: *Einstein für die Westentasche*. Piper Verlag (5. Auflage) 2005

Fölsing, Albrecht: *Albert Einstein*. Suhrkamp Verlag (3. Auflage) 1993

Jammer, Max: *Einstein und die Religion*. Universitätsverlag Konstanz 1995

Kumar, Manjit: *Quanten – Einstein, Bohr und die große Debatte über das Wesen der Wirklichkeit*. Berlin Verlag 2009

BOHRS LÄCHELN

Fischer, Ernst Peter: *Niels Bohr – Physiker und Philosoph des Atomzeitalters*. Siedler Verlag 2012

Bohr, Niels: *Atomphysik und menschliche Erkenntnis*. Vieweg und Teubner Verlag 1985

Bohr, Niels: *Collected Works – Band 10*. North-Holland Verlag 1999

Moore, Ruth: *Niels Bohr*. Cambridge 1985

PAULIS ZWEIFEL

Fischer, Ernst Peter: *An den Grenzen des Denkens. Wolfang Pauli – Ein Nobelpreisträger über die Nachtseiten der Wissenschaft.* Herder Verlag 2000

Fischer, Ernst Peter: *Brücken zum Kosmos – Wolfgang Pauli zwischen Kernphysik und Weltharmonie.* Libelle Verlag (3. Auflage) 2014

Pauli, Wolfgang: *Physik und Erkenntnistheorie.* Vieweg Verlag 1984

HEISENBERGS ORDNUNG

Fischer, Ernst Peter: *Werner Heisenberg – Das selbstvergessene Genie.* Piper Verlag 2001

Heisenberg, Werner: *Der Teil und das Ganze.* Piper Verlag 1969

HAWKINGS KOSMOS

Hawking, Stephen: *Eine kurze Geschichte der Zeit – Die Suche nach der Urkraft des Universums.* Rowohl Verlag 1988

MODERNE MÄTZCHEN AM ENDE

Monod, Jacques: *Zufall und Notwendigkeit – Philosophische Fragen der modernen Biologie.* Piper 1971

Brague, Rémi: *Die Weisheit der Welt – Kosmos und Welterfahrung im westlichen Denken.* C. H. Beck Verlag 2005

Burkert, Walter: *Kulte des Altertums – Biologische Grundlagen der Religion.* C. H. Beck Verlag (2. Auflage) 2009

Fischer, Ernst Peter: »Die Wissenschaft zittert nicht.« In: Joas, Hans/Wiegandt, Klaus (Hg.): *Säkularisierung und die Weltreligionen.* Fischer Verlag (2. Auflage) 2007

Gould, Stephen J.: *Rocks of Ages. Science and Religion in the Fullness of Life.* Ballantine Books 2002

Taylor, Charles: *Ein säkulares Zeitalter.* Suhrkamp Verlag 2012

BÜCHER VON ERNST PETER FISCHER

(ohne Taschenbuchausgaben o. Ä. und Übersetzungen)

1985: *Die Welt im Kopf.* Libelle Verlag

1985: *Licht und Leben (Max Delbrück).* Universitätsverlag

1986: *Niels Bohr – Die Lektion der Atome.* Piper Verlag

1987: *Sowohl als auch: Denkerfahrungen der Naturwissenschaften.* Rasch und Röhring Verlag

1988: *Gene sind anders.* Rasch und Röhring Verlag

1989: *Kritik des gesunden Menschenverstandes – Unser Hindernislauf zur Erkenntnis.* Rasch und Röhring Verlag

1990: *Ein Abenteuer wird besichtigt.* Rasch und Röhring Verlag

1991: *Wissenschaft für den Markt – Die Geschichte des forschenden Unternehmens Boehringer Mannheim.* Piper Verlag

1992: *Idee Farbe* (mit N. Silvestrini). Baumann & Stromer Verlag

1993: *Der Einzelne und sein Genom.* Libelle Verlag

1994: *Die Wege der Farben.* Regenbogen Verlag

1995: *Aristoteles, Einstein & Co.* Piper Verlag

1995: *Die aufschimmernde Nachtseite der Wissenschaft,* Libelle Verlag

1996: *Einstein.* Springer Verlag

1997: *Das Schöne und das Biest.* Piper Verlag

1998: *Farbsysteme in Kunst und Wissenschaft,* DuMont Verlag

1998: *Hello Dolly.* Regenbogen Verlag

1998: *Byk Gulden – Forschergeist und Unternehmermut.* Piper Verlag

1999: *Die Schichten der Farbe.* Regenbogen Verlag

1999: *The Impact of Modern Genetics on Life Insurance.* Verlag der Kölnischen Rück

2000: *Leonardo, Heisenberg und Co.* Piper Verlag

2000: *An den Grenzen des Denkens.* Herder Verlag

2001: *Die andere Bildung.* Ullstein Verlag

2001: *Werner Heisenberg – Das selbstvergessene Genie.* Piper Verlag

2001: *Images & Imagination.* Editiones Roche

2002: *Das genetische Abenteuer.* My-favourite-Book

2002: *Das Genom.* Fischer Verlag

2003: *Am Anfang war die Doppelhelix.* Ullstein Verlag

2003: *Geschichte des Gens.* Fischer Verlag

2004: *Einstein, Hawking, Singh und Co.* Piper Verlag

2004: *Stille Kräfte, große Fülle   Die Geschichte der Süd-Chemie.* Piper Verlag

2004: *Die Bildung des Menschen.* Ullstein Verlag

2004: *Was Professor Kuckuck noch nicht wusste* (mit Hennig Genz). Rowohlt Verlag

2005: *Einstein für die Westentasche.* Piper Verlag

2005: *Einstein trifft Picasso und geht mit ihm ins Kino.* Piper Verlag

2005: *Brücken zum Kosmos.* Libelle Verlag

2006: *Schrödingers Katze auf dem Mandelbrotbaum.* Pantheon Verlag

2007: *Der Physiker – Eine Biographie von Max Planck.* Siedler Verlag

2007: *Irren ist bequem – Wissenschaft quer gedacht.* Kosmos Verlag

2008: *Einfach klug.* Nymphenburger Verlag

2008: *Das große Buch der Evolution.* Fackelträger Verlag

2009: *Der kleine Darwin.* Pantheon Verlag

2009: *Die kosmische Hintertreppe.* Nymphenburger Verlag

2009: *Die Charité.* Siedler Verlag

2010: *Laser – eine deutsche Erfolgsgeschichte.* Siedler Verlag

2010: *Die Hintertreppe zum Quantensprung.* Herbig Verlag

2010: *Information – eine kurze Geschichte in 5 Kapiteln.* Jacoby & Stuart

2011: *Warum Spinat nur Popeye stark macht.* Pantheon Verlag

2011: *Das große Buch der Elektrizität.* Fackelträger Verlag

2012: *Niels Bohr – Der gute Mensch von Kopenhagen.* Siedler Verlag

2012: *Die andere Leichtigkeit des Seins.* Verlag Komplett-Media

CDS UND DVDS

Hörbücher

Die andere Bildung – Teil 1, 4 CDs, gelesen von
Achim Höppner, ISBN 3-8312-6095-8 (2004)

Die andere Bildung – Teil 2, 4 CDs, gelesen von
Achim Höppner, ISBN 3-8312-6095-8 (2004)

Die Bildung des Menschen – Teil 1, 4 CDs, gelesen von
Achim Höppner, ISBN 3-8312-6096-6 (2004)

Die Bildung des Menschen – Teil 2, 4 CDs, gelesen von
Achim Höppner, ISBN 3-8312-6096-6 (2004)

Einstein für die Westentasche – 2 CDs, gelesen von
Helmut Winkelmann, ISBN 978-3-938956-07-0 (2005)

CDs – Originalaufnahmen

Ernst Peter Fischer erzählt – Paarläufe der Wissenschaft
4 CDs, ISBN 978-3-932513-68-8 (2006)
In der Reihe »uni auditorium« von Komplett-Media
(Grünwald):

Die Nachtseite der Wissenschaft
1 CD (2007), ISBN 978-3-8312-6194-9

Als das Neue noch neu war
1 CD (2007), ISBN 978-3-8312-6195-6

Welche Naturwissenschaft braucht der gebildete Mensch?
1 CD, ISBN 978-3-8312-6196-3

Große Ideen der Wissenschaft – 2 Teile (2008)
Teil 1 – ISBN 978-3-8312-6334-9
Teil 2 – ISBN 978-3-8312-6335-6

Wolfgang Pauli
2 CDs (2007), ISBN 978-3-8312-6243-4

Max Planck
   1 CD (2007), ISBN 978-3-8312-6225-0

Werner Heisenberg
   1 CD (2007), ISBN 978-3-8312-6224-3

Gemeinsam im Gespräch mit Harald Lesch:
   Die Geburt der modernen Wissenschaft
   2 CDs, ISBN 978-3-8312-6252-6

DVDs – Originalaufnahmen

In der Reihe »uni auditorium«
von Komplett-Media (Grünwald)

Die Nachtseite der Wissenschaft
   1 DVD (2007), ISBN 978-3-8312-9476-3

Als das Neue noch neu war
   1 DVD (2007) ISBN 978-3-8312-9477-0

Welche Naturwissenschaft braucht der gebildete Mensch?
   1 DVD, ISBN 978-3-8312-9478-7

Große Ideen der Wissenschaft – 2 Teile (2008)
   Teil 1 – ISBN 978-3-8312-9676-7
   Teil 2 – ISBN 978-3-8312-9677-4

Albert Einstein
   1 DVD (2007), ISBN 978-3-8312-9542-5

Max Planck
   1 DVD (2007), ISBN 978-3-8312-9533-7

Werner Heisenberg
   1 DVD (2007), ISBN 978-3-8312-9521-0